高等职业教育建筑设计类专业"十三五"系列教材

建筑装饰施工与管理

主　编　杨　政　刘如兵　郭智伟

副主编　汪　杰　李　薇　王　将　赵　亮　颜　珺

参　编　曹子昂　程广君　张蓝图　夏　凡　郭小唤

　　　　窦子峰　徐来军　杨晓龙　耿　丹　董　波

机械工业出版社

本书内容包括建筑装饰施工与管理概述、建筑装饰工程安全管理、建筑装饰工程施工招标投标与合同管理、流水施工与双代号网络技术、建筑装饰工程施工组织设计、建筑装饰工程施工管理实务、建筑装饰工程质量管理、建筑装饰工程施工项目成本管理和建筑装饰工程竣工验收。本书结合高职高专课程改革精神，吸取传统教材优点，充分考虑高职毕业生就业方向，与苏州金螳螂建筑装饰股份有限公司、深圳市奇信建设集团股份有限公司等一线装饰企业管理人员合作编写。

　　本书为高等职业教育建筑设计类专业"十三五"系列教材，可作为建筑装饰工程技术、建筑室内设计等相关专业的教材，也可供相关工程技术人员参考。

图书在版编目（CIP）数据

建筑装饰施工与管理/杨政，刘如兵，郭智伟主编 .—北京：机械工业出版社，2018.10（2024.8重印）

高等职业教育建筑设计类专业"十三五"系列教材

ISBN 978-7-111-60983-4

Ⅰ.①建…　Ⅱ.①杨…②刘…③郭…　Ⅲ.①建筑装饰–工程施工–施工管理–高等职业教育–教材　Ⅳ.①TU767

中国版本图书馆 CIP 数据核字（2018）第 216040 号

机械工业出版社（北京市百万庄大街 22 号　邮政编码 100037）
策划编辑：常金锋　覃密道　责任编辑：常金锋
责任校对：章　琼　陈　越　封面设计：陈　沛
责任印制：常天培
固安县铭成印刷有限公司印刷
2024 年 8 月第 1 版第 4 次印刷
184mm×260mm·9.75 印张·236 千字
标准书号：ISBN 978-7-111-60983-4
定价：33.00 元

电话服务　　　　　　　　　网络服务
客服电话：010-88361066　　机 工 官 网：www.cmpbook.com
　　　　　010-88379833　　机 工 官 博：weibo.com/cmp1952
　　　　　010-68326294　　金 书 网：www.golden-book.com
封底无防伪标均为盗版　　　机工教育服务网：www.cmpedu.com

前 言
PREFACE

建筑装饰施工与管理是建筑装饰工程技术专业的一门专业课程。建筑装饰行业的施工管理岗位要求从业者对装饰材料的选择、构造设计及施工工艺等有广泛认识，工作中能够有效地运用新技术、新方法。作为建筑装饰工程施工的组织者和管理者，要保障项目经理服务理念不走样、管理思路不偏向、施工质量不下降，这需要在管理模式上不断创新，在施工模式上加快转型。本书紧跟装饰材料的发展趋势及先进的施工工艺和管理模式，采用了大量实物图，力求能够全面、系统地介绍建筑装饰施工组织及管理实务的详细内容，使其适用性较强并易于理解，使学生能充分了解、掌握建筑装饰施工组织的基本理论知识和设计思路，以及各类建筑装饰工程施工管理、质量和劳动管理、成本管理、安全管理与文明施工方面的知识。

苏州金螳螂建筑装饰股份有限公司南京分公司与泰州职业技术学院建筑工程学院从2012年起建立了良好的合作关系，通过请进来、走出去的办法，先后有多位一线建筑装饰施工管理人员到学院进行授课与交流，有近50位学生先后就业于该公司，他们都掌握了建筑装饰前沿的施工技术和施工管理方法，也为本书提供了大量的一线资料。另外，深圳市奇信建设集团股份有限公司南京分公司的各位同仁、泰州技师学院的汪杰老师等参与了本书的编写、校正工作，为完善本书的相关知识和任务做了大量工作，在此表示一并感谢！

本书由杨政、刘如兵、郭智伟担任主编，汪杰、李薇、王将、赵亮、颜珺担任副主编。所有编写人员及工作单位如下：

杨 政	泰州职业技术学院
刘如兵	泰州职业技术学院
郭智伟	苏州金螳螂建筑装饰股份有限公司
汪 杰	泰州技师学院
李 薇	泰州职业技术学院
王 将	苏州金螳螂建筑装饰股份有限公司
赵 亮	深圳市奇信建设集团股份有限公司
颜 珺	深圳市奇信建设集团股份有限公司
曹子昂	泰州职业技术学院
程广君	泰州职业技术学院
张蓝图	泰州职业技术学院
夏 凡	苏州金螳螂建筑装饰股份有限公司
郭小唤	苏州金螳螂建筑装饰股份有限公司

窦子峰　江苏锦华建筑装饰设计工程股份有限公司（泰州分公司）
徐来军　泰州瑞佳装饰工程有限公司
杨晓龙　张家港御美装饰工程有限公司
耿　丹　中徐矿山安全技术转移交易中心有限公司
董　波　泰州红嘴鸥装饰设计工程有限公司

编　者

目 录

CONTENTS

第一章　建筑装饰施工与管理概述

第一节　建筑装饰施工与管理的对象、任务和职能

建筑装饰施工与管理是针对装饰项目的各项技术工作要求和技术活动全过程进行管理的设计方案。

建筑装饰施工与管理的主要任务和职能见表1-1。

表1-1　建筑装饰施工与管理的主要任务和职能

序　号	任　务	职　能
1	计划	计划是指在装饰工程项目施工承包合同规定的工期、质量、造价范围内，为了达到设计要求以及效益目标，制订实施的项目目标计划
2	组织	组织是指在项目经理的领导下，在企业主管或企业部门的指导下，通过各类制度，建立一个以项目负责人为首的高效率的组织机构，以便确保项目的各项技术和经济指标的顺利完成
3	领导	领导是指管理者采用某种方式指导和激励所有参与人员完成目标，解决在完成目标过程中所发生的冲突问题
4	协调	协调是指在项目完成过程中，针对项目的不同阶段、不同部门、不同工种之间的复杂关系和矛盾，进行及时的沟通，排除障碍、解决问题，确保工程项目的完成
5	控制	控制是指通过决策、计划、协调和调整等过程，采用各种方法和科学的管理实现目标质量和效益的最优化

建筑装饰施工与管理基本内容的研究是在掌握工程特点，充分理解设计意图，摸清施工条件，做好施工准备，合理组织生产要素，协调设计和施工、技术和经济，协调企业与具体项目各部门和各单位间的关系的前提下，科学地编制施工组织设计。建筑装饰施工组织是为了做好以加强科学管理、提高工程质量、保证施工安全、控制施工进度和降低施工消耗为目的的施工现场管理活动。

建筑装饰项目施工与管理是一个整体的系统工程，除了有其自身的发展运动规律，装饰项目施工与管理的过程还包含：输入合理的生产要素、巧妙地组织、计划、控制施工过程、输出合格的"装饰产品"等，在实现项目目标的过程中还须不断地进行信息反馈和监控施工过程是否与计划相符合。

第二节　建筑装饰常用材料

建筑装饰材料是指用于建筑墙面、顶棚、柱面、地面等的材料。现代建筑装饰材料，不仅能改善室内的艺术环境，使人们得到美的享受，同时还兼有绝热、防潮、防火、吸声、隔音等多种功能，起着保护建筑物主体结构、延长使用寿命以及满足某些特殊要求的作用，是

现代建筑装饰不可缺少的一类材料。

近几年装饰业的发展带动了装饰材料行业的快速发展，新材料的研发和使用也促进了装饰行业的进步。2013 年，中国已经成为世界上装饰材料生产、消费和出口大国。材料主导产品不管在数量上还是在人均消费指数上，在世界上都可以说是名列前茅。但是在这种高消费、高销量的同时，也引发了许多问题，建筑和装饰材料释放的挥发性有机化合物是导致室内空气污染的首因。建筑和装饰材料形成的室内环境污染，对人体健康的影响已成为人们必须要面对并且重视的问题。

如今绿色、节能、环保成为了装饰业的主流，随着绿色、节能、环保的提出，人们越来越热衷于无毒无害、节能环保的装饰材料，特别是装修时必不可少的漆类装饰材料，例如不含甲醛、芳香烃的油漆涂料等。甲醛是一种含有剧毒的气态物质，其释放期长达 3 ~ 15 年，长期吸入这种气体对人体有很大危害，甚至可以致癌。经研究，很多的漆类家具都含有甲醛。在满足物质条件的情况下，人们会更多地注意自然环境的发展以及自身的健康，环保装饰材料（图 1-1，CADBM 中国建筑装饰协会—矢量认证标志）将会拥有更广阔的发展空间。此外，节材、节能、简易装饰材料也越来越受到消费者的青睐，正和绿色环保材料一同进入世界潮流。

将材料和产品的加工制造同以微电子技术为主体的高科技嫁接，从而实现对材料及产品的各种功能的可控与可调，有可能成为装饰装修材料及产品的新的发展方向。"智能家居"从曾经的概念到如今的智能家居产品的问世，科技的飞速进步让一切都变得可能。智能家居涉及照明控制系统、家居安防系统、电器控制系统、互联网远程监控、电话远程控制、网络视频监控、室内无线遥控等多个方面，有了这些技术的帮助，人们可以轻松地实现全自动化的家居生活。

无毒害室内装饰材料

图 1-1　CADBM 中国建筑装饰
协会—矢量认证标志

新型的建筑装饰材料的研制不但有益于更好地进行室内设计，更加精致地装扮室内环境，也有利于节约国家能源，保护生态环境，有益身心健康，同时也大大地方便了人们的生活，轻松解决了一些生活上的问题，所以它将成为世界的主流。

一、部分常用的胶结材料（表 1-2）

表 1-2　部分常用的胶结材料

序号	种 类	特 点
1	水泥	在建筑装饰工程中，常用的水泥有很多种，如硅酸盐水泥、普通硅酸盐水泥、矿渣硅酸盐水泥、火山灰质硅酸盐水泥、粉煤灰硅酸盐水泥等。水泥由于其用途不同、特性不同，也就有了不同的强度等级。装饰性水泥：这种水泥主要用于表层装饰，或作为浅色大理石的基层黏结材料，装饰水泥有白色硅酸盐水泥和彩色硅酸盐水泥

（续）

序号	种　类	特　　　点
2	石灰	石灰是传统的建筑材料，是用石灰石经 800～1000℃ 煅烧而成，人们又把它称为生石灰。生石灰在使用之前，有一个熟化过程，通常将生石灰加水。为了让其熟"透"，消解的熟石灰须在灰浆池中"泡"两周以上，并在浆面上保留一层水，以便与空气隔绝，避免碳化。石灰可以和砂、石屑或水泥等拌和成拌灰用砂浆，在一定的时间内其逐渐硬化
3	石膏	石膏是一种气硬性胶结材料，它是由石灰膏煅烧而成，将煅烧过的石灰膏磨成白色粉末，俗称石膏粉。石膏按用途分为模型石膏、建筑石膏、地板石膏、高强石膏等。石膏与适当的水混合后，最初成为可塑性的浆体，但很快就会失去塑性，在凝结过程中，迅速产生强度，最后成为坚硬的固体，即石膏的硬化过程

二、常用基层板材（表 1-3）

表 1-3　常用基层板材

序号	种　类	特　　　点
1	胶合板	胶合板是通过原木切片及胶合工艺过程而制成的木质板材，这种材料可以做成多层板，有三合板、五合板、七合板……现又有不同厚度的多层板
2	细木工板	细木工板表面用二层胶合板，中间以短实木排列做成木芯，压实胶合加工成细木工板，常用于木作加工的基层板材。这种材料由于稳定性好，不易变形，加工方便，被广泛地使用于装饰工程之中，板材的木芯有杨木的、杉木的、柳桉木的等
3	纤维板	纤维板是以植物纤维重新交织、压制而成的，在成型时由于采用的压力、温度的不同，纤维板的容重也有所不同，因此，按容重不同可分为硬质纤维板（高密度板）、半硬质纤维板（中密度板）和软质纤维板（刨花板）。此类板材在装饰工程中可作为基层板，也可作为面层板，并且可以进行一些表面的处理，如喷涂涂料、钻孔，形成一定的图案。纤维板又是一种很好的吸声材料，还具有一定的保温性能

三、常用表面装饰材料（表 1-4）

表 1-4　常用表面装饰材料

序号	种　类		特　　　点
1	石材	花岗石饰面板	花岗石质地坚硬，是火成岩，由石英、长石、云母的晶粒组成，品质优良的花岗石，结晶颗粒分布均匀，其耐磨性、抗风化性好，耐酸性高，使用年限长。花岗石的品种很丰富，并且遍布世界各地。花岗石饰面板在使用的过程中，由于加工方式的不同，可以有许多的规格，如厚度规格有 20mm、25mm、30mm、40mm、60mm 等，还可以加工成特需规格，长宽规格也可以多种多样，可以根据需要裁制。花岗石饰面板的表面还可以进行一些艺术处理，如喷砂处理、烧毛处理、烧毛上光处理、剁板处理、雕刻处理等。花岗石由于其耐磨、抗风化，因此常被用于建筑外观的装饰和地面的装饰
		大理石饰面板	大理石是一种变质岩，属中硬石材，其结晶体主要为方解石和白云石，其成分以碳酸钙为主。大理石的品种繁多，石质细腻、光泽好，常用于高档建筑饰面的装饰。大理石一般有杂质，且碳酸钙在大气中易腐蚀，因此不宜用于室外的装饰，常用于室内的装饰。其加工方式同花岗石一样，由荒料切片研磨、抛光及切割而成，经过加工的大理石板材表面光洁如镜，给人以华丽的感觉

（续）

序号	种 类		特 点
2	人造石材	岗石	岗石的生产工艺是将90%的自然石材经粉碎工艺后与其他材料进行合成，做成"荒料石"，再采用锯片机将其锯成片状，然后研磨、抛光，这种人造石的特点是：石材色泽稳定，花纹与自然石非常接近，不易变形、耐磨损，常用于室内的地面和墙面装饰。岗石的颜色和品种有许多种
		微晶石	微晶石是一种经特殊高温烧结工艺而成的均质材料，它没有天然大理石的碎裂纹，其耐酸和耐碱性都比天然石材优良，是一种化学性能稳定的无机材料，不褪色、不变质
		水泥预制板材	由于水泥的可塑性较强，且耐侵蚀，造价低，因此常被人们用于表面装饰，如水磨石板、剁假石、剁斧石、外墙干挂板等
3	陶瓷	釉面砖	在陶瓷、土砖坯上挂釉，然后烧制成釉面砖，釉面砖的色彩较稳定，经久不变，且吸水率较低，因此常被用作潮湿的室内墙面的装饰，如卫生间、厨房间等
		同质砖	同质砖与釉面砖有一个很大的不同：釉面砖是用陶坯或瓷坯做基础，然后挂釉烧成，而同质砖基础和表面的材质是同一性质的，成型后再烧制而成，其性质耐磨
		艺术陶瓷板	在装饰工程设计中，设计师经常使用陶瓷壁饰进行一些界面的装饰，陶瓷壁饰以釉面砖或陶板等为原料制作而成，具有浑厚古朴、色彩多变的特点，且耐酸、耐碱、耐摩擦，抗污染，它既适用于室内，也适用于室外。陶瓷壁饰不仅仅是原画的简单复制，而是艺术的再创作，可以运用多种技法和技术，采用刻板、点釉、烧制等一系列的技术，使壁饰产生丰富多彩的艺术效果
		马赛克	马赛克是一种较为古老的材料，由于这种材料变形小，且材料色彩保留时间长，基本无变化等，很早就被人们当作装饰的材料。马赛克实质是玻璃制品，其色彩很丰富，随着科技的发展，现在除了玻璃马赛克还有陶瓷马赛克、石材马赛克、金属马赛克等，其规格有多种
4	罩面材料	纸面石膏板	以半水石膏和面纸为主要原料，掺入适量纤维、胶粘剂、促凝剂，经过一定的工艺流程而制成轻质薄板，具有高强、隔声、防火，缩率小，易加工，性能良好等优点，其被广泛应用于装饰工程之中，主要适用于建筑的内隔墙、墙体覆盖、吊顶等，最近又开发出防火型和防水型纸面石膏板。纸面石膏板的厚度与尺度有多种规格
		塑料板材	随着科技的发展，用塑料板材作罩面材料已被人们逐步接受，其特点是图案丰富多彩，它可以仿制木材、金属等的外观形象，且耐湿、耐磨、耐热、耐燃烧，还耐酸、碱、油脂等。它可根据加工方法不同而有软、硬两种，根据不同需要，可以作吊顶板、台面板、地板等
		木质饰面板	这类板材大多采用三合板的工艺，选择不同木材，采用切片工艺方法，胶合成各种罩面材料，产生出了许多品种优质的饰面胶合板。如果将优质木材切片方式作一些变化，就可得到不同花纹的饰面材料；黏结层的数量不同，可以得到不同厚度的饰面板
5	金属板材	不锈钢板材	不锈钢薄板经特殊表面处理后，可成为具有各种装饰效果的材料，有镜面的，有粉面亚光的，有拉丝的，有凹凸压花的等。经化学处理后还可有一定的色彩，如钛金不锈钢等。由于其材料的性质特点，具有耐火、耐潮、耐腐蚀，变形少，安装方便等特点，因此在一些较为高档的装饰工程中，经常被人用于壁面、柱面、顶棚、门厅的装饰。常用的规格有400mm×400mm、500mm×500mm、600mm×1200mm、1000mm×3000mm，厚度为0.4~1.5mm。不锈钢薄板经折板加工后，还可做成各种装饰的嵌条，用作饰线和收边材料

（续）

序号	种　类		特　　点
5	金属板材	铝板	铝板主要有三种类型，一种是纯铝板，它的加工方式是用纯铝经辊压冷加工成金属材料，经过剪裁、焊接、涂覆面层做成铝质部件，主要装饰在外墙和吊顶；另一种是用铝合金材料经挤出工艺做成型材，用于室外墙面或室内吊顶；还有一种采用卷边工艺做成特定形状的装饰板材，如"乐思龙"装饰板材。除此之外，还有铝合金面材和高分子基材复合而成的装饰罩面材料，一般称其为铝塑板（又称美铝曲板），由于这种材料表面色彩多样，且表面处理方式多样，装饰效果好，又有重量轻、强度好、耐腐蚀、经久耐用等良好的性能，深受人们的欢迎
		铜板	以沉稳的色彩、凝重的材质、经久耐用的特点，深受人们喜爱。铜材可以做成板材，也可以做成线材，其表面可以用化学和机械等工艺处理，形成不同的表面效果，多用于制作门及门套、壁面、柱面等的装饰
6	玻璃	标准玻璃	标准玻璃一般指大量使用的常规规格的玻璃，包含平板玻璃和压花玻璃
		艺术玻璃	在玻璃的表面进行二次艺术加工成为艺术玻璃，其表面加工的方式多种多样，一种是采用蚀刻工艺制成的艺术玻璃，称为刻花玻璃；另一种是将玻璃与其他材料经加热烧熔结合，称为热熔玻璃；还有的是将玻璃经机械加工，称为车花玻璃等。除此之外，还有裂纹玻璃、夹绢玻璃等
		特殊玻璃	由于各种功能要求不同，对玻璃的要求也不同，有保温功能的中空玻璃，有防爆裂功能的夹层玻璃，有高强度的钢化玻璃、防弹玻璃，有热反射功能的镀膜玻璃等
7	涂料	涂料	涂敷于物体表面能与基础材料很好黏结并形成完整而坚韧保护膜的物质称为涂料。涂料是一种胶体溶液，把它涂在物体表面，经一段时间的物理和化学反应，在被涂物的表面粘接而成涂膜。涂料含有多种成分，由油料、树脂、胶凝材料、颜料、溶剂、助剂等组成。涂料主要分为室外涂料、地面涂料、特种涂料
8	铺地材料	实木地板	用原木直接加工成成品地板，称为实木地板。这种地板可根据不同的木材品种命名，如柚木实木地板、樱桃木实木地板、水曲柳实木地板等；还可以用其他名字命名，如门格列斯等。实木地板的规格多种多样，宽度一般为 30～120mm，长度一般为 600～1200mm，结构采用单向企口或者双向企口，拼接方式采用平口接或者齿口接。在实木地板成品的加工深度上分一般实木地板、免刨实木地板、免刨免漆实木地板等
		复合地板	复合地板是利用木材下料，如木屑、木花等做基层材料，表面复合面材、印刷木纹纹样做成的地板，这种地板厚薄均匀，表面硬度强，易于施工，成本低，表面装饰效果好，被广泛应用于办公场所以及其他公共场所。还有一种复合地板采用制作胶合板的工艺生产，基层材料是质地稍差的木材、表面用上等材料来做，效果和实木地板相差很少，但成本低廉，是一种很好的复合地板
		防静电地板	防静电地板主要用于计算机房等有防静电要求的地方。材料基层采用木材下料与树脂混合加压制成，面层采用复合面板，可以印刷木纹，有一些还采用钢基层板。防静电地板要与地板基架一同组装。随着现代科技的发展，此类地板的种类有多种，与之相配的基架也有多种类型。在使用时，要根据工程造价与技术要求进行选择
		地毯	当前，工程中采用地毯铺地已相当普遍，如宾馆、办公场所、住宅等。由于地毯的用材和加工工艺不同，产生了多种类型的地毯，如果从用材来分类，有羊毛地毯、腈纶地毯、混纺地毯；从工艺上分类，有机织地毯、手编地毯、无纺地毯；从形式上分类，有块毯、卷毯等。除此之外，还因颜色、花样等不同，使得地毯千变万化
		自流平	包括环氧树脂自流平和水泥自流平。环氧树脂自流平主要适用于要求高度清洁、美观、无菌、无尘的电子行业，实行 GMP 标准的制药行业，血液制品行业，也可用于学校、办公室、家庭等。水泥自流平主要适用于办公场所、家庭、电子厂房等地面。自流平找平，是新旧地面、起砂地面及施工不良地面的理想修补材料，常用于油漆地面或 PVC 及其他地面装饰之前找平地面

（续）

序号	种　类		特　点
8	铺地材料	地胶板	地胶板是当今非常流行的一种新型轻体地面装饰材料，也称地胶，是一种"轻体地材"。地胶板早在欧美就广受欢迎，至今在国内的大中城市已经得到普遍认可，使用非常广泛，比如家庭、医院、学校、办公室、厂房、图书馆、音乐厅、超市、商场、体育场馆等场所都常使用。地胶板是采用聚氯乙烯材料生产的塑胶地板，具体就是以聚氯乙烯及其共聚树脂为主要原料，加入填料、增塑剂、稳定剂、着色剂等辅料，在基材上经涂敷工艺或经压延、挤出或挤压工艺生产而成
9	壁纸和壁布	纸基涂料壁纸	纸基涂料壁纸是以纸质为基层，用高分子乳液涂布面层，经印花、压制花纹等工艺制成的壁面装饰材料，其特点是耐磨、透气性好，颜色、花型、质感都比较好。在施工时，操作简单，工期短、工效高，成本相对低，主要用于宾馆、饭店、住宅
		发泡壁纸	采用发泡材料作壁纸涂面的发泡壁纸，使其产生凹凸较为明显的花纹。使用此类墙纸时对墙面的要求相对低一些，此类墙纸主要用于稍微低档的住宅内墙的装饰
		壁布类	壁布印花是采用化纤布做基层，表面涂乳液，并经压花处理的墙面装饰材料，其特点是伸缩性好，耐裂强度高，易于粘贴，表面不吸水，可擦洗，色彩鲜艳，凹凸感强。施工工艺简单，工效高，选择性较好
		壁毯	由于某些空间需要有吸声的要求，使墙面"软化"，壁毯是能够满足这一要求的材料之一。壁毯其实也是一种无纺纤维布，其质地较厚，富有弹性，吸声效果好。其色彩也是多种多样，有的还印刷了图案，是一种很好的壁面装饰材料。使用这类材料时，一定要注意防火，尤其是用于娱乐场所时，更要慎重

第三节　建筑装饰工程项目施工的特点

一、建筑装饰工程的固定性

由于每个建筑装饰工程项目都固定在指定的建筑物上，建筑装饰工程是建筑工程的有机组成部分，其施工是建筑施工的延续和深化，而非单纯的艺术创作。与建筑工程密切相关的任何建筑装饰工程施工的工艺操作，均不可只顾及主观上的装饰艺术表现而漠视对建筑主体结构的维护与保养。

二、装饰工程施工的流动性

装饰工程施工的流动性表现在两个方面：

1）施工机构（包括施工人员和机具设备）随装饰工程空间位置的变化而转移施工地点。

2）在装饰工程施工的生产过程中，施工人员和施工机具要随着施工部位的不同而沿着施工对象上下左右流动，不断地转移其作业空间。

因此，在装饰工程施工中，各生产要素在空间位置和相互间的空间配合关系处于变化的过程之中。由于空间的变化，必然影响到其他方面的关系和组织与管理工作。另外，机械设备等劳动资料为适应流动性的需要，其选择与运用也不能不受到场地条件变化的影响。施工所需的建筑和水电动力等设施也需在现场临时建造备用，完工以后又要拆卸或拆除。施工所需的材料物资，其规格、品种等都将因地而异。施工现场内外的运输随当地环境和原有交通条件的变动也需重新调整。由于人、机的流动，操作条件和工作面的不断变化，势必影响劳动的效率甚至劳动的组织。故建筑装饰施工必须按严格的顺序进行，也就是人、机必须根据施工要求按照客观需求的顺序进行流动。

三、装饰工程施工的复杂性

由于"装饰工程产品"的多样性，它决定了建造建筑产品过程的复杂性。又由于功能各异，结构类型不同，装饰要求不同，"产品"没有完全相同的两个产品，所以在施工方面基本无法套用，故必须根据每件产品的特点单独设计，单独组织施工。

另外，装饰工程施工由于涉及部门比较多，使用各种材料规格品种繁多，各专业工种必须协同工作，这都决定了建筑施工的复杂性。故对装饰工程"产品"应实施单件计价及核算，成立专业班子对每件装饰工程"产品"的生产进行组织和管理。这样，施工组织设计就显得更加重要。

四、装饰工程施工的严肃性

在进行建设项目的施工组织与管理时，应遵循的原则是"以人为本"，一切从实际出发，严格按规律办事，同时还要有全局观念。从总体上把握和处理问题，以求得总体效益最高。落实在组织施工时必须对当前和以后各阶段的工作做一个通盘考虑，制订一个全面规划，克服施工管理的随意性。明确责、权、利的关系。规定每一个人的职责和权利，在建筑施工的组织与管理工作中要做到每一样工作都有专门的人负责。想问题、订计划、做决策，必须有全局观念，作全面的考虑与权衡。要求做到用最小的支出取得最大限度的效益，施工的各项活动都与最终的效益有关。讲求最佳效益是施工组织与管理工作中的首要原则。

第四节　建筑装饰施工具体项目标准化管理

一、总体思想

实体放线、强制定位目的是控制住完成面线，达到根据施工图能排版下单的目标。整体思路：在一个空间中保证"线"有 2 个强制限位，"面"有 5 个强制限位，通过强制限位和棉线的连接，保证整个空间所有尺寸得以强制限位定尺和空间的方正，做到空间立方体对角线垂直（图1-2），从而联合 BIM 系统，保证下单尺寸的准确性。

二、空间简介

此案我们用乒乓球室（图1-3）作为样板介绍。乒乓球室（图1-4、图1-5）整个空间为比较规整的矩形，在设计材料选择上，地面采用白玉兰石材和实木运动地板，墙面以吸声板织物软包为主，顶面为白色乳胶漆跌级吊顶。

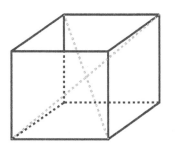

图1-2　空间立方体对角线

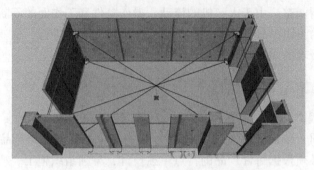

图 1-3　实体放线、强制定位乒乓球室

图 1-4　案例乒乓球室装饰效果图

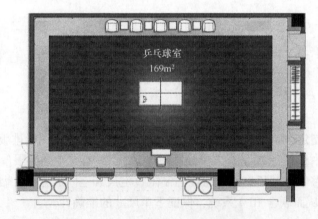

图 1-5　案例乒乓球室平面布置图

三、放线

在设计单位平面布置图基本确定后，对现场符合条件的区域进行第一时间土建隔墙布置的平面放线定位，尺寸核对全面用红外线测距仪，以保证尺寸无误差。对有问题的空间布局及时反映给设计单位，以保证空间布局的准确性，避免以后进场返工，影响进度。

　　进场后使用测距仪在工地现场放线（图1-6、图1-7），确定土建空间方正，为保证后期施工完成面的定位准确，在墙、地、顶面中，通过木工板制作强制限位点，用棉线连接，保证对角无误差，然后用"五步放线法"实施放线。

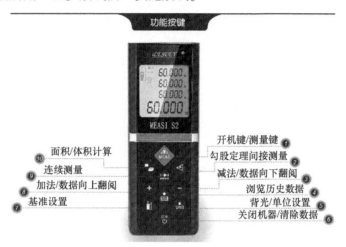

图 1-6　便携式红外线测距仪

图1-7　使用测距仪在工地现场放线

1）放线准备（图1-8～图1-10）。

图1-8　激光水平仪、墨斗、卷尺
等放线工具

图1-9　三维扫描仪

图 1-10 放线标识牌自喷漆字标

2）模拟放线：在图纸上模拟案例乒乓球室平面放线（图 1-11）。

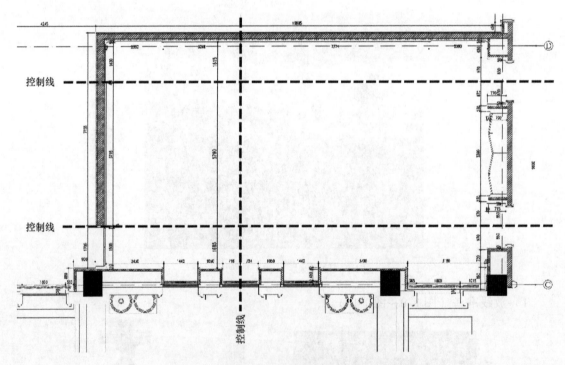

图 1-11 案例乒乓球室模拟放线控制线位置

四、实体强制定位制作

施工指令单（表 1-5）经班组签字、项目部确认后方可进行下一步强制限位施工。

表 1-5　施工指令单

施工区域	楼层	施工区域	计算部位	图纸编号	施工图与预算报价							
					限位数量	单位	项目部签字确认	班组签字确认	可否施工	责任人	时间要求	备注
东郊13号楼	一层	乒乓球室	地面	13－1F－P－01	7	个						
			顶面	13－1F－P－01	4	面						
			墙面	E1	4	个						
			墙面	E2	4	个						
			墙面	E2	8	个						
			墙面	E2	4	个						

1）在地面强制限位施工时，通过木工板制作地面与墙面之间点限位，控制地面与墙面的完成面位置，以保证对角无误差，保证地面的整体平整（图1-12）。

图 1-12　地面及墙面强制限位模拟图

2）在顶面强制限位施工时，通过"L"形沿边龙骨与木工板制作墙面限位，控制顶面与墙面的完成面位置，以保证对角无误差，保证顶面材质的整体平整（图1-13）。

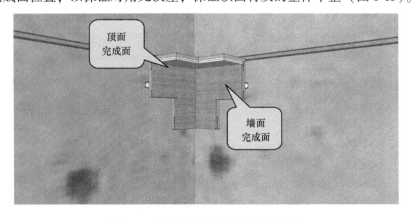

图 1-13　顶面及墙面强制限位模拟图

3）在顶面施工时，通过木工板制作顶面与墙面之间点限位，控制顶面与墙面的完成面尺寸，保证对角无误差，保证顶面材质的整体平整，拒绝打胶（图1-14）。

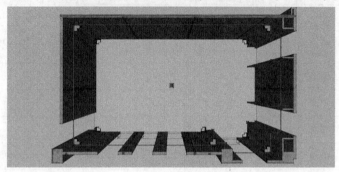

图1-14　四角及中心点限位俯视图

五、大面积基层实体开工

大面积基层实体开工后，要严格按照强制限位的完成面进行制作，并保留各个空间面上强制限位点，不可改动、拆除（图1-15）。

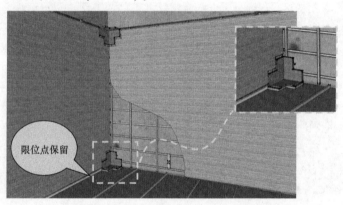

限位点保留

图1-15　各个空间面上强制限位点定位图

六、面层安装

基层安装完毕，直至面层安装后方可对强制限位点进行拆除（图1-16）。

图1-16　各面层安装完成

【基础练习题】

1. 建筑装饰施工与管理的对象和任务是什么？

2. 建筑装饰施工与管理的基本内容是什么？

3. 说明花岗石和大理石的不同之处和各自的用途。

4. 简述铺地材料的种类和特点。

5. 简述建筑装饰工程项目施工的特点。

6. 进行建筑装饰项目施工与管理时应遵循的原则有哪些？

7. 建筑装饰施工具体项目标准化有哪些步骤？

【实训练习题】

到当地建筑装饰材料市场做调研，并写出调研报告，汇报 20～30 种材料的相关信息，如材料的规格、产地、价格、特性、表面效果和适用场合等。

第二章 建筑装饰工程安全管理

第一节 安全管理的基本概念

安全生产一直是我国的一项基本国策。安全管理就是坚持以人为本的理念，贯彻"安全第一、预防为主"的方针，对安全生产工作进行策划、组织、指挥、协调、控制和改进等一系列活动，目的就是为了保证建筑装饰工程施工过程中没有危险、不出事故，不造成人身伤亡和财产损失。

安全管理是建筑装饰工程施工管理的重要组成部分，其贯穿于整个过程始终，在建筑装饰工程施工过程中，必须施行安全生产标准化管理，严格执行《中华人民共和国安全生产法》《中华人民共和国建筑法》《建设工程安全生产管理条例》《建筑安全生产监督管理规定》等相关法律法规。

安全生产是保护劳动者安全健康和发展生产力的重要工作，必须贯彻执行；同时也是维护社会稳定，促进国民经济稳定、持续、健康发展的基本条件，是文明社会的重要基础。

安全管理可以促进生产，抓好安全，为员工创造一个安全、卫生、舒适的工作环境，可以更好地调动员工的积极性，提高劳动生产率和减少因事故带来的不必要损失。

第二节 安全管理的原则

安全管理应贯彻"安全第一、预防为主"的方针，坚持"管生产必须管安全"和"谁主管、谁负责"的原则。建立健全安全管理网络，落实安全责任制，认真贯彻执行"企业负责、行业管理、国家监察、群众监督"的安全生产管理体制。

严格按照《建筑施工安全检查标准》（JGJ 59—2011）组织施工生产，使工程安全生产达到标准化、规范化。严格遵循文明施工管理的有关规定，加强安全施工管理，保证施工期间要符合相关规定要求。积极开展安全生产科技开发和推广活动，实现建设工程安全生产的科学化，提高建设工程安全生产水平。

一、安全管理施工计划标准化

1）在建筑装饰施工过程中，一定要坚持安全施工的基本原则，把安全施工列入施工规划中，首先要求做好施工现场的围隔工作，加强安全保卫的值班制度，防止意外伤害。围隔材料要采用新材料，并落实检查制度，确保围隔材料完好无缺。选择装饰施工通道要回避共用通道，坚持经常清扫装饰施工的作业面和外部场地，始终保持整洁。施工工地入口应设置安全标志牌（图2-1）。建筑装饰施工材料按要求安全堆放（图2-2）。

图 2-1　施工工地入口安全标志牌

图 2-2　建筑装饰施工材料安全堆放

2）制订安全施工的具体措施，保证建筑装饰施工的正常进行，保障安全施工，营造良好的施工环境。项目部要按安全工地评定检验标准要求组织建筑装饰施工，在遵守业主方（甲方）制订的有关规定和本企业制订的相应规章制度的同时，企业领导小组定期要求施工项目组上传装饰施工工地相关安全关键点的照片，并有目的地对工地进行安全施工、场容场貌、生活卫生等项目的抽查，以便有力地促进项目标准化工作达到安全工地的要求。

二、安全管理施工方法细节化

1）制订工程安全施工标准和规范，按标准和规范组织施工、检查和评比，让安全施工成为施工习惯。安全施工及安全施工教育是一个长期性的工作，而不是突击性应付检查。

2）装饰工程项目经理亲自抓安全施工，带领施工员、安全员、班组长每天检查现场，落实各施工区域负责人，营造安全的施工氛围。

3）施工现场的周围环境要设置反映企业精神和时代风貌的醒目的安全宣传标语，工地内设置安全宣传栏，进行安全生产的宣传教育，及时通报违规处罚，及时反映工地内各类安全动态。在施工现场四周和通道口，要设立警示牌和安全宣传栏（图2-3）。

图2-3 设立警示牌和安全宣传栏

4）开展安全教育，施工人员在现场施工，均应遵守当地的安全规范。施工人员着装整齐，按指定通道进出，上班时间不随便外出乱逛，保持行为举止和语言文明。

5）加强班组建设。班组安全是工地安全的基础，各班组要形成安全施工日检查制度，布置工作时，同时要讲安全施工。

6）开展安全施工班组评比工作，给予精神、物质奖励，树立榜样作用。建立处罚制度，对违规人员在进行教育的基础上给予必要的经济处罚。

7）加强工地治安综合治理，做到目标管理、制度落实、责任到人。施工现场安全防范措施有力，重点要害部位防范设施有效。

8）对装饰施工现场的施工队伍及人员组织应做到情况明了，建立档案卡片，要与施工班组签订安全施工责任书，对施工队伍加强法制教育。

9）建筑材料区域堆放整齐，按照 ISO 9001 认证体系运行，对进场的材料挂标志牌，并采取安全保卫措施。

10）维护施工面的卫生，做好保洁工作，及时清理作业区域施工垃圾，做到工完场清、活完成品清；当日作业当日清，机具、工具整理清。

11）在施工过程中，工地总包单位和其他施工单位积极协调，做到互助、互谅，保证工程施工安全顺利地进行。

三、施工现场挂牌规范化

1）施工现场必须有"七牌一图"，即工程概况、工程项目负责人名单、创工程质量合格和施工现场标准化管理、工程环保、安全生产纪律、安全生产天数计数和防火须知七块牌及施工现场平面布置图。标牌的制作、挂置等必须符合标准，现场必须指定卫生负责人并明确职责，严格按照园区文明工地的有关规定进行施工。

2）施工现场保证整洁，实现工地门前"三包"，确保门前无垃圾、无建筑材料、无污水。

3）在作业区一层设置卫生间，指定专人每日至少清洁2次，严禁随地大小便。

4）现场原材料、构件、机具设备按指定区域堆放整齐，保持道路畅通。作业场所要做到落手清。建筑垃圾及时归堆、外运，严禁随意抛掷。建筑污水必须通过管道集中向下排放。做到作业面无积存垃圾、无积存废水、无散落材料。

5）在开始施工时，应请环保部门测定外围噪声是否超标并采取措施减少噪声。基本保证施工现场噪声分贝控制在国家规定的范围内。

6）石材、地砖切割及其他必须在现场制作的项目，在施工现场分隔的施工房内完成，或临时用纸面石膏板隔出制作区。

7）保持施工道路畅通、场地整洁，施工现场环境保护采用二级排污处理，进出车辆冲洗干净，做到无泥浆出工地。

四、施工环境和生活卫生管理长效化

1）施工现场按卫生包干落实包干责任制，并落实到具体清洁人，在施工现场设卫生厕所，厕所要求清洁、无臭气，每日清洁2次以上，并设冲洗洁净装置，有专人清洁，采用瓷质器具，并设有瓷砖分隔间。生活区设男女浴室，冬天考虑供应热水，确保工人的洗澡问题。职工宿舍用具实行统一化，全工地职工统一要求穿工作服、佩戴工作证。宿舍区也应落实卫生制度，施工现场和生活区保证24h供应开水，并设医务室。

2）保持施工现场及周围的环境卫生，实行分区卫生包干制度，严禁乱倒渣土、生活垃圾等废物。施工现场设垃圾堆放场，生活、工地办公区要设带盖垃圾桶，垃圾装袋外运。

3）工地配置必要的劳保用品和应急医药用品、紧急救护用品。

4）严格执行"三包"制度，防止施工用水滴漏、尘土飞扬、噪声起浮，严格执行操作落手清制度，确保现场的标准化。

五、安全管理教育常态化

1）进入工地的施工人员必须经过入场安全教育，办理安全教育卡。入场安全教育的内容必须填写在安全教育卡内，安全教育卡一式两份，由宣讲人和受教育人员共同签字，一份报上级安全部门备案，一份留作安全教育的凭证。

2）有关安全方面的法制教育、安全生产责任制教育以及季节性的安全教育，都通过安全教育卡的形式进行考核检查，以便提高安全教育质量，增强安全教育的效果（图2-4～图2-6）。

图 2-4　安全施工培训

图 2-5　现场办公室安全帽的挂放

图 2-6　电梯井安全提示标语

第三节 施工现场安全管理措施

一、安全施工管理的一般规定

1）有健全的建筑装饰施工指挥系统和岗位责任制度，工序衔接、交叉合理，交接责任明确。

2）有整套的施工组织设计或施工方案。

3）有严格的成品保护措施和制度，临时设施和各种材料、构件、半成品按平面布置图排列整齐。

4）施工场地平整，水电线路布置整齐，工具设备状况良好、使用合理，施工作业符合消防和安全要求。

5）实现安全施工不仅要抓好现场的场容管理工作，而且还要做好现场材料、机械工具、安全、技术、保卫、消防和生活卫生等方面的工作。一个项目的安全施工水平是所属企业各项管理工作水平的综合体现。

二、现场保卫管理规定

1）建立健全现场治安、消防责任制度和组织。

① 工程实行项目经理负责制，由项目经理对现场治安保卫、防火全面负责。

② 现场建立治安保卫组，配备门卫及保安巡视人员，设置专（兼）职消防员和义务消防员。

2）公司保卫部门定期检查督促现场保卫、消防工作，并主动与当地公安部门及消防部门取得联系，取得公安、消防部门的支持与指导。

3）实行挂实名标牌制度。凡进入现场的施工人员必须配戴统一的名牌。未配戴名牌者一律不准入内。外来人员必须与项目管理部取得联系，发放临时出入名牌方可进入现场。

4）做好现场物品保管和防盗工作。对贵重材料、小型生产工具等要实行专人保管，责任到人。材料、设备出入现场必须有收发领用手续和出门证明。

5）加强法制教育，进入现场的所有人员必须自觉遵纪守法。严禁在工地聚众赌博、偷盗公司财物；严禁打架斗殴、无理取闹，扰乱正常的生产、工作和生活秩序。发现上述情况时，要及时制止、严肃处理，情况严重的报送公安机关处理。

6）在办公和施工作业面应根据工作性质、工作范围配备足够的灭火器材。对重点部位如木工间、危险品仓库、油漆间，以及危险作业区如装饰、保温、油漆等作业区，要重点配备足够的消防器材，并强制挂醒目的禁烟、禁火标志，专人定期检查消防器材的可靠性。

7）现场设指定的吸烟室，严禁在吸烟室外游动吸烟。

8）施工现场因生产需要动用明火时，必须事先申领动用明火许可证。对操作中可能引起的火花，应有控制和隔离的措施。在操作结束离开现场前，要对作业面进行检查，彻底熄灭火源及熔渣，消除隐患。

9）严格用电制度，严禁私接乱拉电线，严禁使用电炉，严禁在易燃材料周围使用高温取暖设备。

10）在油漆、化工原料库内禁止做任何作业。仓库内禁止使用日光灯、碘钨灯照明。停电时应用干电筒照明，在醒目处放置灭火器2台。油漆、化工原料专用仓库放置灭火器2台及黄砂箱二只，确保安全无事故。

11）电焊工需持证上岗，凡需要动用电焊等明火作业的，事先要得到工地负责人或工地管理员的批准办好"动火证"，并做好周围的安全、防火工作，特别是油漆、化工材料、木花、木屑等易燃物，一定要清除后才能进行作业。

12）下班前要实行点名制度，下班后除指定保卫人员外，其他人员一律不得再进入施工现场。保卫人员要巡视操作现场，消除一切可疑点和危及安全的隐患。

13）加强工地治安保卫工作，坚持24h值班（包括节假日），进出施工现场出示证件，做到无证不得入内，争创文明工地。

三、施工场地管理规定

1）坚决贯彻执行"安全第一、预防为主"的方针，坚持"管生产，必须管安全"的原则。建立健全以项目经理为第一责任人的安全施工责任制，制定各级人员的安全生产责任制，责任明确、落实到人。

2）建立建筑安全生产组织保证体系，制定建筑安全生产监督管理工作制度，组织落实各级部门分工负责的建筑安全生产责任制。

3）强化安全生产管理，加强安全生产意识教育，切实落实安全技术措施，在班组之间建立安全竞赛活动，设立流动红旗，奖罚分明。

4）项目经理部建立定期安全检查制度，并配备专职安全员，专人专职负责施工现场的日常安全工作和巡回监督检查工作，负责提出安全预防措施，杜绝安全事故的发生。

5）项目经理部建立以项目经理为首的安全值班轮流制度，并做好安全记录。

6）严格执行安全生产"六大纪律"，坚持每月召开全体职工安全会议和一周一次的班组安全活动，指出安全隐患及改进措施，坚持每日十分钟的班前教育。

7）坚持安全生产"三级教育"制度，未经教育培训或培训不合格的人员不得上岗作业。

8）施工人员在进入施工现场前，进行一次全面的医疗检查，对患有高血压、心脏病、癫痫病的人员严禁从事高空作业。

9）坚持安全生产书面交底制度，凡新施工的分部分项工程，专业负责人都应有针对性的安全技术交底记录并进行签字手续，其原件应交档案室存档。

10）现场悬挂安全生产宣传标语，洞口临边除设置防护措施外，并张贴有关的安全标牌，以示提醒。

11）施工现场设置的安全防护设施未经许可任何人不得擅自拆除。

12）对生产过程中检查出的安全问题及安全隐患应以书面形式通知有关人员或施工班组，并限期整改，并将安全纳入施工班组任务书、承包书的结算管理，形成以安全保证施工、以施工促进安全的工作方式。

13）施工现场明确通畅无阻的安全通道，并以箭头提示，通道要设置安全照明，以提供足够的照明条件。

14）机械及设备在使用之前应进行全面检查，如发现隐患应及时进行处理，否则不许使用；设备按说明书进行定期保养。

15）施工现场的施工用电应按施工用电方案进行统一布置，杜绝乱拖乱拉现象。用电设备应按有关规定实行一机一闸，并有安全可靠的接地。

16）施工现场配备足够的防护眼罩、口罩、大头鞋等安全防护用品，以确保施工人员的人身安全和身体健康。

17）建立危险品仓库，并规定严格的领用制度；危险品仓库由专人看护。

18）成立以项目经理为首的消防、保卫、抢险突击队，以确保一旦发生安全事故后使损失降到最小程度。

19）坚持安全生产"六大纪律"，施工中的安全措施严格按国家和当地有关规定进行操作。施工现场安全资料由专人管理，建档造册，做到完整齐全。

20）工程竣工后立即将施工现场安全状况的分析报告和相应资料报送安全监督机构进行综合考评。

四、材料安全管理措施

1）贵重装饰材料成品、半成品进场前，先与业主联系进场时间，指定存放房间并明确标识，设专人负责保管及发料。

2）零星材料、周转材料、施工机械进场时按业主指定地点停放，四周用钢管及木板围护好，停放整齐并安排在夜间进场。

3）施工材料垂直运输注意损坏建筑物原有设施。

五、施工用电安全管理措施

1）配电箱引入引出线应有套管，电线上进下出、不混乱，电箱上进线应加滴水弯。线应用橡皮线架空在专用电杆上，严禁架设在脚手架、防护架上。

2）危险、潮湿场所的照明及手持照明灯具采用安全低压电源。照明导线应用绝缘子固定，严禁使用花线和塑料胶质线，照明灯具的金属外壳须接地或接零，单相回路内的照明开关箱装漏电保护器。

3）休息室、料间等地不准烧电炉，不使用"小太阳"和功率大于60W的灯泡。

4）电箱内开关电器须完整无损，并配备漏电保护器，以确保主要施工机械用电安全。

六、施工机械使用安全管理措施

（1）手持电动机械 手持电动机械须安装漏电保护器，防护罩壳齐全有效，并有有效接地或接零，橡皮电线不得破损。

（2）木工机械

1）机械上的电动机及电器部分应按其有关要求执行。

2）工作场所应配有齐全可靠的消防器材。严禁在工作场所吸烟和有其他明火，并不得存放油、棉纱等易燃品。

3）工作场所的待加工和已加工木料应堆放整齐，保证道路畅通。

4）机械应保持清洁，安全防护装置应齐全可靠，各部件连接紧固，工作台上不得放置杂物。

5）机械的皮带轮、锯轮、刀轴、锯片、砂轮等高速转动部件应在安装时做平衡试验。各种刀具不得有裂纹破损。

6）装设有气动除尘装置的木工机械，作业前应先启动排尘风机，保持排尘管道不变形、不漏风。

7）严禁在机械运行中测量工件尺寸和清理机械上面或底部的木屑、刨花和杂物。

8）机械运行中不准跨过传动部分传递工件、工具等。排除故障、拆装刀具时必须待机械停稳后、切断电源，方可进行。操作人员与辅助人员应密切配合，同步匀速接送料。

9）根据木材的材质、粗细、湿度等，选择合适的切削和进给速度。加工前，应从木料中清除铁钉、铁丝等金属物。

10）作业后，切断电源，锁好闸箱，进行擦拭、润滑，清除木屑、刨花。

（3）圆锯机

1）操作前进行检查，锯片不应有裂纹，螺钉应上紧。

2）锯片上方必须装置安全罩、挡板和冷却水装置。在锯片后面，离齿 10～15mm 处必须安装弧形楔刀。锯片的安装应保持与轴同心。

3）锯片必须平整，锯齿应尖锐，不得连续缺齿两个，裂纹长度不得超过 20mm，裂缝末端应冲止裂孔。

4）操作时要戴防护眼镜，应站在锯片一侧，禁止站在与锯片同一直线上，手不得跨越锯片。

5）进料必须紧贴靠山，不得用力过猛，遇硬节慢推，接料要待料出锯片 150mm 后，不得用力硬拉。短窄料应用推棍，接料使用刨钩。

6）被锯木料厚度以锯片能露出木料 10～20mm 为限，夹持锯片的法兰盘的直径应为锯片直径的 1/4。超过锯片半径的木料禁止上锯。

7）圆锯启动后，应待转速正常后方可进行锯料。送料时不得将木料左右晃动或高抬，遇木节要缓慢送料。锯料长度应不小于 500mm。接近端头时应用推棍送料。

8）锯线走偏，应逐渐纠正，不准猛扳，以免损坏锯片。锯片运转时间过长、温度过高时，应用水冷却，直径 600mm 以上的铝片在操作中应喷水冷却。

（4）平面刨（手压刨）

1）作业前，检查安全防护装置必须齐全有效，才准使用。

2）刨料时应保持身体稳定，双手操作。刨料时手应按在料的上面，手指必须离开刨口 50mm 以上。严禁用手在木料后端送料和跨越刨口进行刨削。

3）刨削量每次一般不得超过 1mm。进料速度保持均匀，经过刨口时用力要轻，禁止在刨刀上方回料。

4）被刨木料的厚度小于 30mm、长度小于 400mm 时，应用压板或压棍推进。

5）原木进锯前，应调好尺寸，进锯后不得调整，进锯的速度应均匀，不能过猛。运转中严禁调节锯卡子和清理碎料、树皮等。

（5）压刨床

1）压刨床必须用单向开关，不得安装倒顺开关，三、四面刨应按顺序开动。

2）木料的材质、规格一致时，允许同时刨两块木料。严禁一次刨削两块不同材质或不同规格的木料，被刨的木料不得超过机械所规定的厚度。操作者应站在刨床的一侧，接、送料时不得戴手套，送料时必须先送大头。

3）刨刀与刨床台面的水平间隙应在 10~30mm 之间。刨刀螺钉必须重量相等，紧固时用力应均匀一致，不得过紧或过松，严禁使用带开口槽的刨刀。

4）每次进刀量应为 2~5mm，如遇硬物或节疤，应减小进刀量，降低送料速度。

5）已进料必须平直，发现材料横走或卡住，应停机降低台面拨正。送料时手指必须离开滚筒 200mm 以上，接料必须待料走出台面。

6）被刨木料长度不能短于前后压滚筒中心距离；刨短料时，须连续进料。刨削 10mm 以下的薄板，必须垫托板，方可推进压刨。

7）压刨必须装有回弹灵敏的逆止爪装置，进料齿辊及托料光辊应调整水平和上下距离一致，齿辊应低于工件表面 1~2mm，光辊应高出台面 0.3~0.8mm，工作台面不得歪斜和高低不平。

（6）木工车床

1）检查车床各部装置及工、卡具灵活可靠，工件应卡紧并用顶针顶紧，用手转动试运转，确认情况良好后方可开车；并根据工件木质的软硬选择适当的进刀量和调整转速。

2）车削过程中不得用手摸来检查工件的光滑程度。用砂纸打磨时，应先将刀架移开后再进行。车床转动时，无论停电与否，均不得用手来制动。

3）方形木料，必须先加工成近似圆柱体后再上车床加工。有节疤或裂缝的木料，均不得上车床切削。

（7）吊顶工程

1）施工人员必须遵守《建筑施工高处作业安全技术规范》的有关规定。

2）吊顶作业，凡高血压、心脏病者不得从事此作业。

3）作业时衣着轻便，禁止穿硬底和带钉易滑的鞋。

4）作业所用材料要堆放平稳，工具应放入工具袋内。

5）作业所用梯子缺档，不得垫高使用。

（8）焊接工程

1）为了防止触电事故的发生，除按规定穿戴防护工作服、防护手套和绝缘胶鞋外，还应保持干燥和清洁。

2）焊接工作开始前，首先检查焊机和工具是否完好和安全可靠。检查焊钳和焊接电缆的绝缘是否有损坏的地方，焊机的外壳接地和焊机的各接线点接触是否良好。不允许未进行安全检查就开始操作。

3）身体出汗后而使衣服潮湿时，切勿工作在带电的钢板或工件上，以防触电。工作地点潮湿时，地面应铺设橡胶板或其他绝缘材料。

4）更换焊条一定要戴皮手套，不要赤手操作。

5）在带电情况下，为了安全，焊钳不得夹在腋下去搬被焊工件或将焊接电缆挂在脖颈上。

6）推拉闸刀开关时，脸部不允许直对电闸，以防止短路造成的火花烧伤面部。

7）下列操作，必须在切断电源后才能进行：改变焊机接头时；更换焊件需要改接二次回路时；更换保险装置时；焊机发生故障需进行检修时；转移工作地点搬动焊机时；工作完毕或临时离开工作现场时。焊接作业时，其附近应无易燃易爆物品，并设置接火斗，以防发生火灾或损坏门窗。

七、消防管理制度

1）自始至终贯彻执行"预防为主，防消结合"的消防工作方针。

2）消防工作要立足于防，现场建立义务消防组织，配备兼职消防人员和足够数量的灭火器。

3）在办公、生产车间区应安置八具消防灭火器，消防灭火器安置在楼层明显易取处。

4）严格执行现场动用明火申请制度，在现场动用明火应预先领许可证，并备好灭火器材。

5）对易燃易爆材料、器材要严格管理。

6）现场施工主干道兼作消防通道，并随时保持通畅。

7）由项目经理、安全员组成消防安全领导小组，具体负责实施防火安全工作。

8）酸碱泡沫灭火器由专人维修、保养，定期调换药剂，标明换药时间，确保灭火器效能正常。

9）施工中的易燃易爆物如汽油、油漆、氧气瓶、乙炔瓶等必须按规定设置，妥善保管。

10）施工现场配备足够的固定灭火器，施工班组配备移动灭火器，并在施工作业点进行动火施工、焊接施工时，随作业点配置。

11）施工现场动火实行动火审批制度，未经批准擅自动火者，视情节严重情况给予一定的经济制裁。动火必须具有"二证一器一监护"方能进行。

12）加强工地警卫人员上岗职责管理，每天下班后对工地进行防火巡查，消灭事故隐患。

八、施工现场灭火器配置设计

根据装饰工程施工层数、施工面积，配备足够有效的防火设备是工程消防工作的重点。依据国家标准《建筑灭火器配置设计规范》（GB 50140—2005）的要求，公共类建筑装饰因装饰用木材等较多，极易起火，为严重危险等级，属 A 类火灾防火工程。

1. 灭火器配置设计
灭火器配置设计见表2-1。

表2-1　灭火器配置设计

危险等级	严重危险等级
每具灭火器最小配置灭火级别	5A
最大保护面积/m²	10

一个灭火器配置场所内的灭火器不应该少于 2 具，每个设置点的灭火器不宜多于 5 具，同一楼层或一个防火区作为一个计算单元。

灭火器按规范要求选用磷酸氨盐干粉灭火器，同一灭火器配置场所均选用同一类型、操作方法相同的灭火器。

2. 灭火级别计算

$$Q = K \frac{S}{U}$$

式中　Q——灭火器配置场所的灭火级别；

S——灭火器配置场所的保护面积；

U——灭火器配置场所相应危险等级的灭火器配置基准；

K——修正系数。

具体灭火器配置数量由现场专职安全员根据现场实际面积、使用需求配置。

【基础练习题】

1. 为什么说安全管理是建筑装饰工程项目施工管理的重要内容？
2. 安全管理在建筑装饰工程项目施工中主要包含哪些内容？
3. "七牌一图"指的是什么？
4. 如何正确理解"安全第一、预防为主"的方针？
5. 消防管理制度中如何配置设计灭火器？
6. 装饰材料包装及运输保护措施涉及安全管理的地方有哪些？
7. 施工机械使用安全管理措施有哪些？
8. 如何理解现场保卫管理规定与施工场地管理规定？

【实训练习题】

请专业指导教师提供一套建筑装饰施工图，要求同学们根据图纸平面做一套安全施工的平面布置方案图。

第三章 建筑装饰工程施工招标投标与合同管理

第一节 建筑装饰工程施工招标投标程序

一、建筑装饰工程招标投标概述

1995 年 8 月建设部正式印发了《建筑装饰装修工程管理规定》，明确提出大中型装饰工程应当采取公开招标或邀请招标的方式发包，将建筑装饰工程承发包纳入建设工程招标管理体系。把建设工程招标投标置于政府的统一管理和监督之下，是我国建设工程招标投标制的主要特点。

1）明确了在我国实行建设工程招标投标制，目的是缩短建设周期，确保工程质量和提高投资效益，招标投标是双方当事人依法进行的经济活动，受国家和法律的保护和约束。凡具备条件的建设单位和相应资质的企业均可参加工程招标投标。

2）明确了工程招标投标应当坚持公平、等价、有偿、讲求信用的原则，以技术水平、管理水平、社会信誉和合理报价等条件展开竞争，不受地区、部门限制。

3）规定了装饰工程招标投标的范围。凡政府和公有制企业、事业单位投资的新建、改建、扩建和对原有房屋等建筑构筑物进行装饰的工程项目，除某些不适宜招标的特殊工程外，均应实行招标投标。

4）明确规定了政府管理的机构和职责。各级招标投标办事机构具体负责本行政区域内招标投标的管理工作，主要职责如下：

① 审查招标单位的资质。

② 审查招标申请书和招标文件。

③ 审定标底。

④ 监督开标、评标、定标和议标。

⑤ 调节招标活动中的纠纷。

⑥ 否决违反招标投标规定的定标结果。

⑦ 处罚违反招标投标规定的行为。

⑧ 监督承发包合同的签订、履行。

二、建筑装饰工程招标投标一般程序（表 3-1）

表 3-1 建筑装饰工程招标投标一般程序

阶段	工作内容	招标人	投标人	监督管理部门
准备阶段	1. 招标资格与备案	招标人自行办理招标事宜，按规定向城乡建设主管部门备案；委托代理招标事宜的，应签订委托代理合同		城乡建设主管部门备案
	2. 确定招标方式	按照法律、法规和规章确定公开招标或邀请招标		

（续）

阶段	工作内容	招 标 人	投 标 人	监督管理部门
实施阶段	3. 发布招标公告、投标邀请书	采用公开招标的，应在国家或地方指定的报刊、广播、电视或政府信息网上发布资格预审公告；采用邀请招标的，应向三个以上符合资质条件的投标人发送投标邀请书	获取招标项目信息	
	4. 编制、发放资格预审文件和递交资格预审申请书	采用资格预审的，编制资格预审文件，向参加投标的申请人发放资格预审文件	获取资格预审文件	
		接受资格预审申请书	申请人按资格预审文件要求填写资格预审申请书，并递交	
	5. 资格预审，确定合格的申请人	审查、分析申请人报送的资格预审申请书的内容		
		确定合格申请人		
		向合格申请人发放投标邀请书并收取投标保证金	合格申请人获得资格预审通知书，并提交书面回执，合格申请人提交投标保证金	
	6. 编制、发出招标文件	编制招标文件		
		将招标文件发售给合格的申请人，同时向建设行政主管部门备案	获取招标文件回执	城乡建设主管部门接受招标文件的备案
			开始准备投标文件，搜集有关资料和相关信息	
	7. 勘察现场	组织投标人勘察现场	参加现场勘察；提出招标文件和现场勘察中的问题	
	8. 答疑	以书面形式： （1）接受问题，准备解答 （2）以书面形式向所有投标人发放答疑纪要并向城乡建设主管部门备案	（1）以书面形式提出问题 （2）获取问题解答回执	城乡建设主管部门接受答疑纪要
		以答疑会形式： （1）接受问题，准备解答 （2）召开答疑会解答问题，会后将答疑会议纪要发放给所有投标人并向城乡建设主管部门备案	（1）在答疑会前规定的时间以书面形式提交质疑问题 （2）获取答疑纪要回执	城乡建设主管部门接受答疑纪要
		招标文件的澄清、修改	获取澄清、修改招标文件回执	城乡建设行政主管部门接受招标文件的澄清、修改备案
			编制投标文件、办理投标担保	

（续）

阶段	工作内容	招标人	投标人	监督管理部门
	9. 编制、送达与签收投标文件	招标人接受投标文件并记录接受日期与时间	送达投标文件与投标担保回执	
		退回逾期送达的招标文件	接受逾期投标文件并退回回执	
		开标前投标文件的妥善保管		
	10. 开标	招标人组织并主持开标	投标人代表参加开标	
	11. 组建评标委员会	招标人组建评标委员会		
决标成交阶段	12. 评标	评标委员会评标 (1) 资格审定 (2) 符合性鉴定 (3) 技术标评审 (4) 商务标评审		
		评标委员会就投标文件的内容进行澄清或答辩	对评标委员会提出的澄清内容进行书面答复或答辩	
		评标委员会推荐中标候选人或确定中标人，编写评标报告		
	13. 招标、投标情况书面报告及备案	招标人编写招标情况书面报告，确定中标人，向城乡建设主管部门备案		城乡建设主管部门接受备案
	14. 发出中标通知书	招标人向中标人发出中标通知书，并将中标结果通知未中标人	中标人接受中标通知书，并确认；未中标人接受中标结果通知	
	15. 签订合同	招标人与中标人商治并签订合同		
		办理、提交支付担保	办理、提交履约担保	
		退回中标人和未中标人的投标保证金	接受投标保证金回执	
		办理合同备案		城乡建设主管部门接受备案

三、招标与评标

根据《中华人民共和国建筑法》《中华人民共和国招标投标法》和有关工作会议精神，为进一步加强工程招标投标的管理，培育和建立统一开放、竞争有序的建筑装饰工程施工市场，保证建筑装饰业的健康发展，我国建立了一系列的装饰工程招标与投标的法规和制度，大力推行建筑装饰施工工程的公开招标制度，提出凡政府投资（包括政府参股投资和政府提供保证的使用国外贷款进行转贷的投资），国有、集体所有制单位及其控股的投资，以及国有、集体所有制单位控股的股份制企业投资的工程，除涉及国家安全的保密工程、抢险救灾等特殊工程和省、自治区、直辖市人民政府规定的限额以下小型工程（其投资额和建筑面积的限额规定，须报住建部备案）外，都必须实行公开招标。按照公开、公正、公平竞争的原则，择优选定承包单位。实行公开招标的项目法人或招标投标监督管理机构会对报名投标单位的资质条件、财务状况、有无承担类似工程的经验等进行审查，经资格审查合格的，方准予参加投标。

评标工作由评标委员会承担，评标委员会由招标人代表和有关技术、经济等方面的专家组成，应为5人以上的单数，其中技术、经济等方面的专家不得少于成员总数的三分之二。专家是在各地市、各部门、各单位推荐的基础上，由省、自治区、直辖市城乡建设主管部门统一组织考核并认定，建立评标专家信息库。进入专家信息库的专家应具备相关专业知识。在招标单位或招标代理机构组建评标委员会时，在专家库中随机抽取并聘请专家。

评标委员会应按照招标文件规定的评标标准、方法等，对标书及投标单位的业绩、信誉等进行综合评价和比较，提出评标报告。对投标施工组织设计仅做符合性评价时，评审结果为合格或不合格；对投标施工组织设计采用评分方法时，评审结果用分数表示。评标委员会根据投标单位的数量推荐1~3家为中标候选人。定标由招标单位依据评标委员会提供的评标报告，在其推荐的中标候选人名单中择优确定中标单位。在定标后，招标单位必须把工程发包给依法中标并具有相应资质条件的承包单位。

第二节　施工企业资质

一、建筑装饰装修施工企业的概念

建筑装饰装修施工企业是指从事房屋建筑室内外装饰装修及部分设备安装的企业，是在国民经济中自主经营、独立核算、自负盈亏并具有法人资格的基本经济单位。它是建筑业的基本构成单位。建筑装饰装修施工企业必须同时具备下列条件。

1）独立组织生产的条件，即具备劳动力、施工机具（工具）和各种装饰材料。

2）对外具备独立的法人资格，在国家相关政策的指导下独立地进行经营决策，能直接对外承揽装饰施工任务，参加装饰市场投标活动；对内能够自主地支配人力、物力和财力，从事施工生产活动。

3）施工企业必须要自负盈亏、独立核算，要有自我控制和支配的固定资产和流动资金，自己的销售抵偿生产支出，盈利和亏损自行负责。

二、建筑装饰装修施工企业的任务

建筑装饰装修施工企业的根本任务是根据国家政策指导和市场需求情况，保质保量地生产及销售经济、适用、美观的建筑装饰产品，以满足社会扩大再生产和改善人民物质文化生活的需求；同时为国家和企业自身创造尽可能高的经济效益。企业根本任务完成的好坏，应作为衡量企业管理水平高低的主要标准。因此，企业的一切活动都必须为此服务。

三、建筑装饰装修企业的资质等级和业务范围

根据2015年3月1日起执行的中华人民共和国住房和城乡建设部第22号的有关建筑业企业资质管理规定，我国的建筑装饰工程施工行业内采用资质准入制度。建筑是供人们工

作、学习、生活的主要场所，使用的年限又很长，被称为百年大计。建筑装饰工程施工涉及的内容广泛，如幕墙施工、钢结构施工等；涉及的工种庞杂，专业性强，技术要求高，有些工种具有一定的危险性。又由于建筑装饰工程施工经常是单一"产品"，其"重复生产"的可能性很少，每一个"产品"由于其技术要求的不同、所处的地域不同、施工人员的素质不同，所以造成了装饰工程施工的复杂性。

建筑装饰企业资质标准和取得相应资质的企业可以承担工程的具体范围，由国务院住房城乡建设主管部门会同国务院有关部门制定。建筑业企业资质分为施工总承包资质、专业承包资质、施工劳务资质三个序列。施工总承包资质、专业承包资质按照工程性质和技术特点分别划分为若干资质类别，各资质类别按照规定的条件划分为若干资质等级。施工劳务资质不分类别与等级。

建筑装饰施工资质等级与施工工程的规模相联系，施工工程的规模越大，资质等级的要求越高。建筑装饰工程施工资质是由国家有关部门来认定的，其资质申请与审批具体方法是：根据有关规定建筑装饰企业应当向企业工商注册所在地省、自治区、直辖市人民政府住房城乡建设主管部门提出申请。其中，国务院国有资产管理部门直接监管的建筑企业及其下属一层级的企业，可以由国务院国有资产管理部门直接监管的建筑企业向国务院住房城乡建设主管部门提出申请。省、自治区、直辖市人民政府住房城乡建设主管部门应当自受理申请之日起20个工作日内初审完毕，并将初审意见和申请材料报国务院住房城乡建设主管部门。建筑装饰企业申请资质时，应当向建设行政主管部门提供下列资料：①建筑装饰企业资质申请表及相应的电子文档；②企业营业执照正副本复印件；③企业章程复印件；④企业资产证明文件复印件；⑤企业主要人员证明文件复印件；⑥企业资质标准要求的技术装备的相应证明文件复印件；⑦企业安全生产条件有关材料复印件；⑧按照国家有关规定应提交的其他材料。主管部门组织专家参照国家颁布的资质条例和地区发展的要求，对装饰工程施工企业的规模、条件进行审核，逐级上报更上一级的主管部门批准。国家对资质级别的审批非常严格，各主管部门权限分清，不得随意越级审批。"建筑装饰施工一级"资质必须经过住建部审批，其他二级、三级由省相关主管部门审批。

资质证书的授予：建筑装饰企业资质证书只授予在中华人民共和国境内从事土木工程、建筑装修工程、线路管道设备安装工程的新建、扩建、改建等施工活动的企业。企业应当按照其拥有的资产、主要人员、已完成的工程业绩和技术装备等条件申请建筑业企业资质，经审查合格，取得建筑业企业资质证书后，方可在资质许可的范围内从事建筑施工活动。

资质的晋升是从低到高的走向，资质的等级说明了企业的等级、施工能力和发展规模，同时，资质也明确了与资质等级对等的建筑装饰企业能够参与哪些类型或者规模的工程施工的投标。

第三节　建筑装饰工程投标文件编制

一、投标注意事项

在建筑装饰工程施工投标书中应有施工组织的内容，投标施工组织设计是评标、定标的重要因素，是投标单位整体实力、技术水平和管理水平的具体体现。它既是投标过程中展示企业素质的手段，也是中标后编制实施性施工组织设计的依据，更重要的一点还是编制投标报价的依据。同时，为确保工期、质量、安全、文明施工、环境保护目标的实现，投标施工组织设计中所采用的各项保证措施必须合理、可靠。编制投标施工组织设计的目的是为了中标，因而其编制内容应严格满足招标文件的要求，根据评标的要求逐一给予满意的答复，以避免被视为废标。投标施工组织设计并非用于指导操作，因而不宜对各项内容均进行细致全面的编写，仅需根据建设工程具体情况进行有针对性的编写，对重点、难点内容应进行深入编写，力争做到繁简得当。

二、投标编标要求

在编写施工组织设计时，应根据标书要求详细地分析工程特点，突出重点。投标施工组织设计应从技术上、组织上和管理上论证工期、质量、安全、文明施工、环境保护五大目标的合理性和可行性，并为投标报价提供依据。编制内容应重点突出、核心部分深入、篇幅合理、图文并茂。

三、投标文件编制依据

1）项目招标文件及其解释资料。
2）发包人提供的信息及资料。
3）招标工程现场实际情况。
4）有关项目投标竞争信息。
5）企业管理层对招标文件的分析研究结果。
6）企业决策层对投标的决策意见。
7）工程建设法律、法规和有关文件。
8）现行的相关国家标准、行业标准、地方标准及本企业施工工艺标准。
9）本企业的质量管理体系、环境管理体系和职业健康安全管理体系文件。
10）本企业的技术力量、施工能力、施工经验、机械设备状况和自有的技术资料。

四、投标文件的编制内容

1. 工程概况
工程概况是指在施工程项目的基本情况，其主要内容包括：工程名称、规模、性质、用途、资金来源、投资额、开竣工日期、建设单位、设计单位、监理单位、施工单位、工程地点、工程总造价、施工条件、建筑面积、结构形式、图纸设计完成情况、承包合同等。

2. 施工准备工作
针对工程特点进行技术和生产准备。技术准备包括专项施工方案的编制计划、试验工作计划、技术培训和交底工作计划等；生产准备包括施工场地临时水电设计、施工现场平面布置图、有关人员证件、原材料进场计划、机械设备进场计划、主要项目工程量、主要劳动力计划等。

3. 施工管理组织机构
工程实行项目法施工管理，项目经理由公司技术总监兼任，项目经理选聘高水平的技术、管理人员组成项目经理部。项目决策层由项目经理、生产项目经理、品质项目经理、项目总工程师组成。在建设单位、监理单位和公司的指导下，负责对本工程的工期、质量、安全、物资等实施计划、组织、协调、控制和决策。

4. 施工部署

确定并概述工程总体施工方案，如垂直运输系统、外架系统、木制作和油漆涂料工艺等。通过对单位工程的特点及难点进行分析，制订出针对单位工程的各项目标的具体标准，如质量目标中检验批一次验收合格率、单位工程创市优或省优等。

制定安全生产目标，杜绝重大伤亡事故，轻伤事故控制在一定比例以内，实现"五无"，即无重伤、无死亡、无倒塌、无中毒、无火灾，并以此目标为准则，从时间、空间、工艺、资源等方面围绕单位工程作出具体的计划安排。在根据施工阶段的不同目标和特点进行部署时，简要说明相关专业在各阶段如何协作配合，高峰期最大投入人数、大型机械设备配备数量、进出场与工程进度的关系。

5. 施工现场平面布置与管理

总平面布置图应表明现场临时建筑物、围墙、道路、机械、设施、加工厂、宿舍、工棚及仓库等布置，以及临时用水、用电的布置。

6. 施工进度计划

根据招标文件及施工季节、节假日情况，综合人、机械、材料、环境等编制科学合理的总进度计划。在编制总进度计划的基础上，还应编制次级进度计划，论证进度计划的合理性，同时提出完成进度计划的保证措施。

7. 资源需求计划

根据施工进度计划，在确定资源种类及数量的基础上，用表格的形式反映出各阶段的主要资源需求数量及其进退场时间。例如劳动力需求计划、主要材料需求计划、主要施工机械设备需求计划等。另外，还应有工程质量保证措施、安全生产保证措施、文明施工和环境保护保证措施，以及认证的质量、环境、职业健康安全管理体系。

8. 根据不同气候的要求采取施工保护措施

根据不同地区的气候特点进行针对性编写。如雨期应做到设备防潮，管线防锈、防腐蚀，装修防浸泡、防冲刷，施工中防触电、防雷击，并根据现场条件制订相应的排水防汛措施。台风季节应做好支架加固措施、临时建筑加固措施。夏季高温时应采取防暑降温措施、调整上班时间避开高温时段等措施。

9. 分部分项工程施工方法

投标施工组织设计中，各分部分项工程的施工方法都要确定。

1）有施工工艺标准的，施工方法可用施工工艺标准中相关内容替代，并列出章节名称。

2）企业没有施工工艺标准，如果地方政府或招标文件有规定同意，施工方法可用作业指导书和操作手册的内容替代。

3）没有施工工艺标准或施工工艺标准中没有相关内容，需对施工方法要点进行针对性的描述。

10. 工程施工的重点和难点

工程施工的重点和难点与工程本身的特点和企业施工能力有关。通过综合分析，必要时或招标文件有要求时，列出施工的重点、难点，也可列出名称并简要介绍。

11. "四新技术"（新技术、新工艺、新材料和新设备）应用

"四新技术"是指住建部或本地区推广应用的新技术，还可以是企业自身创新发明的新技术或工艺。列出应用"四新技术"名称，并根据应用部位提出注意事项，必要时附上相关部门（如政府科技部门、行业协会、企业内部专家等）的鉴定评价意见。

12. 成本控制措施

成本控制措施是企业盈利能力、管理水平的体现。可列出围绕成本控制总目标所采取的措施。

13. 施工风险防范

企业提出的风险，有些需要甲方注意，必要时需要甲方分担。从各种不同的角度分析可能发生的风险，如自然和环境、政治、法律、经济、合同、技术人员、材料、设备、资金、质量和安全、组织协调等，针对不同的风险因素采取相应的防范措施和应急预案。

14. 工程创优计划及保证措施

根据招标文件或企业自身的要求，确定工程切合实际的创优目标。目标包括结构优质、市优、省优及国家鲁班奖（国优）等，要求有为达到目标而采取的针对性措施。

第四节 建筑装饰工程的合同管理

合同不仅是建设单位和施工单位明确法律关系和一切权利与责任的基础，也是规范工程质量管理、进度管理的重要方法和手段。装饰工程的合同管理，可以规范合同双方的行为，并且能够促进双方严格按照施工合同的各项条款全面履行各自的权利和义务。

一、建筑装饰施工合同的特点和作用

1. 建筑装饰施工合同的特点
1）合同标的物的特殊性。
2）合同履行期限的长期性。
3）合同监管的严肃性。
4）合同内容的多样性和复杂性。
2. 建筑装饰施工合同的作用
1）保护发包方和承包方的合法权益。
2）是调节、仲裁和审理施工合同纠纷的法律依据。

二、建筑装饰施工合同实施控制

建筑装饰施工合同实施控制的主要工作包括合同交底、合同跟踪与诊断、合同变更管理和索赔管理等。

1）合同交底：在合同实施前，合同谈判人员应进行合同交底。合同交底应包括合同的主要内容、合同实施的主要风险、合同签订过程中的特殊问题、合同实施计划和合同实施责任分配等内容。组织管理层应监督项目经理部的合同执行行为，并协调各分包人的合同实施工作。

2）合同跟踪与诊断：全面收集并分析合同实施的信息，将合同实施情况与合同实施计划进行对比分析，找出其中的偏差。定期诊断合同履行情况，诊断内容应包括合同执行差异的原因分析、责任分析以及实施趋向预测。应及时通报合同实施情况及存在问题，提出有关意见和建议，并采取相应措施。

3）合同变更管理：包括变更协商、变更处理程序、制定并落实变更措施、修改与变更相关的资料以及结果检查等工作。

4）合同索赔管理：承包人对发包人、分包人、供应单位的索赔管理工作应包括预测、寻找和发现索赔机会；收集索赔的证据和理由，调查和分析干扰事件的影响，计算索赔值；提出索赔意向和报告。

承包人对发包人、分包人、供应单位的反索赔管理工作应包括对收到的索赔报告进行审查分析，收集反驳理由和证据，复核索赔值，起草并提出反索赔报告；通过合同管理，防止反索赔事件的发生。

三、建筑装饰施工合同通用范本

建筑装饰工程承包合同（范本）

发包人（以下简称甲方）：

承包人（以下简称乙方）：

依照《中华人民共和国合同法》《中华人民共和国建筑法》及其他有关法律、行政法规，遵循平等、自愿、公平和诚实信用的原则，双方就本建设工程施工事项协商一致，订立本合同。

第一条：工程概况

1. 工程名称：___×××办公室装饰工程___

2. 工程地点：___×××___

3. 工程范围：___室内装修（见预算清单）___

4. 工程承包方式：___本工程采用半包工包料方式承包（参见附件清单）___

5. 工程造价

（1）工程预算总造价为￥___×××___元，人民币（大写）：___×××___。

（2）本工程总造价计算依据：以工程设计施工图纸及设计变更、现场签证为依据；施工中甲、乙双方确认的施工障碍引起的变更或增加措施等费用；施工中甲方要求新增加的项目费用。

第二条：工程期限

1. 经甲、乙双方商定，本工程合同工期为×× 天（日历天），具体开竣工时间以甲、乙双方签订的开工报告为准。

2. 本工程计划开工日期为___××___年___××___月___××___日，计划竣工日期为___××___年___××___月___××___日。

3. 本工程在施工过程中，如遇下列情况可顺延工期。

（1）由于不可抗力造成无法正常施工的。

（2）由于甲方原因影响连续施工的（包括工程付款不到位）。

（3）由于设计变更或设计未确定的。

（4）由于未办妥相关物业或行政审批手续的。

（5）由于施工工地（非乙方原因）1个月内停电停水停气造成停工累计超过8h。

（6）由于甲方原因不能及时配套或配套单位不能配合而影响施工的。

第三条：工程施工准备与双方责任

1. 甲方责任

（1）开工前协调各方面的关系，办妥进场手续，甲方承担进场手续费用。

（2）组织好设计交底及图纸会审工作。

（3）委托＿＿×××＿＿为甲方代表，实行工程质量、进度监理，代表甲方处理工程日常事宜。

（4）开工前＿×× ＿天，甲方腾空装修场地以便工程开工。

（5）做好甲方提供材料及设备的供应，落实建设资金，按期拨付工程预付款，办理现场签证，竣工验收。

2. 乙方责任

（1）提供完整的施工技术资料。

（2）开工前组织有关人员熟悉施工图纸和设计资料，编制施工图预算和施工组织计划，制定施工总进度计划。

（3）做好施工准备工作，组织好人员及材料设备的进场、采购、供应和管理。

（4）严格按施工图与说明书施工，确保工程质量，按合同规定的时间如期完工和交付，并承担协议中双方约定的维修保养相关责任。人为损坏的修理由责任方负责，并承担费用。

（5）委托＿×××＿为乙方代表，代表乙方与甲方代表人员接洽。

第四条：工程价款及支付

1. 本工程合同预算以施工图及施工方案的工作量为依据编制。

2. 由物业收取的管理配合、装修押金等相关费用，由甲方支付。

3. 本工程合同总价为¥＿×××＿。

4. 工程价款支付采取按工程进度分段付款的方式。

5. 分段付款的时间及相应金额为：

（1）合同签订时付合同价的50%，共计¥＿×××＿（＿×××＿元整）。

（2）玻璃进场时付合同价的45%，共计¥＿×××＿（＿×××＿元整）。

（3）工程竣工时，付总价的5%，共计¥＿×××＿（＿×××＿元整）；工程变更项目款项应双方确认，付完此款项方可施工增加工程。

第五条：施工质量与设计变更

1. 坚持按图施工，任意一方不得随意变更设计，如遇下列情况给乙方造成损失，应由责任方负担。

（1）发现设计有错误或严重不合理，乙方通知甲方后，甲方应在3d内与设计单位商定，发出变更设计文件，甲、乙双方签协议后方准施工。

（2）设计变更超出原设计标准或规模时，甲方必须按审批程序重新报批，甲、乙双方签协议后方准施工。

（3）如因甲方投资不足，不能及时拨付工程进度款，造成中途停建、缓建，甲、乙双方应商定对在建工程做到安全防护到位，并由甲方承担乙方的经济损失。

（4）如因乙方施工技术、质量和原材料不达标，造成中途停建、缓建，甲乙双方应商定对在建工程做到安全防护到位，并由乙方承担甲方的经济损失。

2. 乙方如遇到重要及复杂的隐蔽工程内容，可通知甲方共同验收，如甲方未按时参加，乙方可自行检查验收，甲方应予承认。

第六条：工程竣工验收及结算

1. 乙方在工程竣工前书面或口头通知甲方验收。

2. 甲方应在接到验收通知后组织验收并在验收后出具工程验收证明。

3. 工程未经验收，甲方提前使用，应视为甲方已确认工程合格，若使用后发现质量问题，由甲方承担责任。

4. 乙方于工程竣工后，提供一年的免费维修服务，但不包含人为原因造成的损坏部分。

第七条：工程安全生产、文明施工

1. 甲方对乙方承担的工程要做好安全交底，明确安全要求并进行监督检查，双方应按规定协商相关安全生产责任和治安消防事宜。

2. 乙方必须认真贯彻安全生产、文明施工的规章制度，做好安全生产、文明施工教育工作，严格执行安全操作规程、文明施工要求，遵守国家治安及消防管理相关法律法规。

3. 工程在施工期间，乙方人员发生工伤和疾病等，甲方有提供方便、协助抢救的义务，责任和费用均由责任方负担。

第八条：违约处罚及仲裁

1. 本工程合同工期拖延一天，按工程总造价的千分之二进行处罚，工期处罚待本工程竣工后一次结清。若因一方违约，由违约方承担合同价30%的违约金。

2. 如甲方拖延结算及付款，按国家现行有关规定执行。

3. 本合同在执行过程中发生合同纠纷，当事人双方应及时协商，协商不成时，任何一方均可申请双方上级主管部门或城乡建设主管部门进行调解，调解不成时可向工程所在地的仲裁委员会提请仲裁或者向工程所在地人民法院提起诉讼。

第九条：附则

1. 本合同未尽事宜，双方及时协商增补条款，补充条款与本合同具有同等法律效力。

2. 本合同一式＿＿贰＿＿份，双方各执＿＿壹＿＿份；工程预算书＿＿贰＿＿份，双方各执＿＿壹＿＿份。

3. 本合同经双方签字盖章后生效，工程竣工验收交付后保修期满、工程价款结清，合同自动终止。

4. 本合同有效附件

（1）乙方提供的平面图纸。

（2）工程预算书。

（3）补充条款。

（4）其他。

甲方（盖章）：＿＿＿＿＿＿＿＿＿　　　乙方（盖章）：＿＿＿＿＿＿＿＿＿

法定代表人：＿＿＿＿＿＿＿＿＿　　　法定代表人：＿＿＿＿＿＿＿＿＿

代理人：＿＿＿＿＿＿＿＿＿　　　　　代理人：＿＿＿＿＿＿＿＿＿

单位地址：＿＿＿＿＿＿＿＿＿　　　　单位地址：＿＿＿＿＿＿＿＿＿

电话：＿＿＿＿＿＿＿＿＿　　　　　　电话：＿＿＿＿＿＿＿＿＿

四、建筑装饰工程合同承包人可向发包人索赔的 16 种情况

1. 中标后招标人拒签合同

必须进行招标的工程，依据《中华人民共和国招标投标法》第 46 条第 1 款的规定，招标人和中标人应当自中标通知书发出之日起三十日内，按照招标文件和中标人的投标文件订立书面合同。招标人在中标人中标后不签订施工合同的，中标人可向招标人提起索赔。为此，投标人应在准备投标阶段、合同未签订即进场施工后就注意收集保存其因投标、工程施工或停工所支出的各种费用及遭受的各种损失的证据资料，一旦出现中标通知书发出后招标人拒绝签订施工合同的情形，中标人可就实际损失及预期利润损失向招标人提起索赔。

索赔依据：

1）《中华人民共和国合同法》第 10 条、第 11 条、第 32 条、第 42 条第 3 款、第 112 条、第 113 条第 1 款、第 270 条。

2）《中华人民共和国招标投标法》第 46 条第 1 款、第 59 条。

3）《中华人民共和国招标投标法实施条例》第 57 条、第 73 条第 4 款。

4）《工程建设项目施工招标投标办法》第 80 条。

2. 中标价低于成本价

在建设工程领域，有一种较为特殊的情况，即承包人在工程完工且经竣工验收合格，或者工程整体虽未完工，但已完工部分经验收合格后，又以该工程的中标价格，即建设工程施工合同中约定的工程价款低于成本价为由要求确认合同无效，并请求按实际结算工程价款。对于这一问题，目前从立法层面很难找到直接、具体的规定，所谓的"成本价"应如何确定？在能够确定中标价低于成本价的情况下，施工合同是否有效？对于必须进行招标投标的建设工程项目，因投标人以低于成本价投标而导致建设工程施工合同无效的，项目工程经竣工验收合格后应如何结算？实践中，在投标价低于成本价且项目工程竣工验收合格的情况下，承包人仍然存在一定的索赔空间，但其必须就工程的成本价承担严格的举证责任，否则该索赔请求将很难被人民法院或仲裁机构支持。

索赔依据：

1）《中华人民共和国招标投标法》第 33 条、第 41 条。

2）《中华人民共和国招标投标法实施条例》第 51 条。

3. 发包人未及时办理施工前置手续

建筑工程施工前置手续一般包括国有土地使用权证、建设用地规划许可证、建设工程规划许可证、建筑工程施工许可证。实践中，在四证不全的情况下发包人即要求承包人开始施工的现象屡见不鲜，最为普遍的一种情形就是发包人在其未取得施工许可证的情形下即要求承包人进场施工。虽然是否拥有施工许可证并不会对建设工程施工合同的效力产生影响，但可能造成工期延误并给承包人带来损失。若合同约定或者依照客观情况应由发包人办理施工许可证的，如发包人未办理，承包人则有权拒绝开工，承包人因此延误的工期及产生的损失可要求发包人赔偿。

索赔依据：

1）《中华人民共和国建筑法》第7条、第8条。

2）《中华人民共和国招标投标法》第9条。

3）《建设工程质量管理条例》第13条、第57条。

4. 发包人拖延提供工程图纸、施工现场、施工条件及基础资料

通常理解的工程图纸既包括发包人在招标阶段向各投标人提供的招标图纸，又包括发包人在施工阶段向承包人提供的施工图纸。实践中未按约定提供施工图纸的情形主要包括以下几种情况。

1）发包人提供的招标图纸与施工图纸不一致。

2）发包人违反合同约定期限提供图纸。

3）发包人提供的图纸存在错误，导致承包人无法施工或暂停施工。

4）发包人要求变更图纸内容导致承包人暂停施工或返工。

5）发包人提供的图纸未经审图机构审查。

对于发包人的违约责任，承包人有权要求发包人承担费用或顺延工期，但对于具体费用金额和延长时间以及其合理性均应由承包人承担举证责任。

索赔依据：

1）《中华人民共和国标准施工招标文件》第1.6.1项、第4.10.1项、第11.3款。

2）《中华人民共和国合同法》第283条。

3）《中华人民共和国建筑法》第40条、第58条。

4）《建设工程质量管理条例》第11条。

5. 发包人设计变更

设计变更是指设计人依据发包人要求调整或对原设计内容进行修改、完善、优化，设计变更需经设计人审查并提供变更后的图纸和说明。

实践中，设计变更除本身产生的工期及价款变化外，还可能导致承包人的其他损失，如对已完工工程进行拆除或修改。对于前述损失，承包人有权在遵守相应索赔时限等程序性要求的前提下向发包人提起索赔。因此，发包人行使变更权导致工程修改、返工、停工或窝工的，应由发包人承担费用，若修改、返工、停工或窝工发生在关键线路上且实质影响工期的，发包人还应顺延工期。

索赔依据：

《中华人民共和国合同法》第284条。

6. 发包人调整承包人工作内容及工作量

发包人如果增加或减少合同中的工作或追加额外工作或进行设计变更，承包人应在收到相应的变更资料后，及时向发包人申报洽商变更费用，这里面既可能包括增项洽商导致的工程价款增加，也可能包括减项洽商导致的单价调增和利润损失补偿要求，如双方能协商一致，此类事项通常会以工程签证的方式予以解决，但如发包人拒绝补偿，承包人可能会向发包人提出工程索赔。特别是在工程量减少的情况下，由于固定成本不变，每一单位工作量的成本必然会上升，而当工程量下降到一定数量时，就会造成原有单价无法覆盖相应的单位成本，引发承包人的调价需求。为维护自身权益，承包人在进行这一类的索赔时，应注意以下几个方面。

1）妥善保管发包人增加或减少合同中的工作或追加额外工作或进行设计变更而导致工程量增加或减少的书面证据，如洽商变更单、设计变更单等。

2）承包人应及时核算相应变更、修改事项可能对工程造价、工期及承包人利润产生的影响。

3）承包人应按合同约定及时向发包人提出自身的利益诉求。

索赔依据：

1）《中华人民共和国标准施工招标文件》第15.2款。

2）《标准设计施工总承包招标文件》第15.1款、第15.3.2项。

7. 甲供材料质量缺陷

实践过程中，发包人可能由于缺乏经验或其他原因导致提供的甲供材料存在质量缺陷，影响施工的有序进行，造成承包人损失并引致承包人索赔。因此，作为承包人，对于发包人提供的设备、材料也要本着审慎原则进行必要的检测、试验，对于质量不合格的设备和材料，要保留好检测、试验记录及样品，及时向发包人反馈意见，拒绝使用并要求发包人更换。同时，对于相应设备、材料更换所导致的工期延误、费用损失，承包人也应及时核算和主张。对此，承包人要注意完成以下工作。

1）及时查验甲供材料，包括采用检测、试验等方式。

2）拒绝接受缺陷材料。

3）以照相、录像、要求发包人现场代表或承运人员签字等方式妥善保留甲供材料存在质量缺陷的证据。

4）书面告知发包人，明确甲供材料存在质量缺陷的事实，向其明确相关甲供材料的使用时间，要求发包人及时处理。

索赔依据：

1）《建设工程质量管理条例》第14条。

2）《最高人民法院关于审理建设工程施工合同纠纷案件适用法律问题的解释》第9条。

3）《中华人民共和国标准施工招标文件》第5.2.6项、第5.4.3项。

4）《标准设计施工总承包招标文件》第6.2.6项、第6.5.3项。

8. 发包人拖延支付工程款

建设工程施工合同通常会约定发包人要支付预付款、进度款、结算款、保修款等几种类型的款项，很多工程在施工过程中因各种原因并未按合同约定的进度及金额进行工程款支付，这种未按约定支付的行为通常会导致其中一方的利益受损。有时候是发包人在结算时发现已经超付，但更常见的情形是发包人逾期付款，造成承包人利益受损，此时可通过各种形式的索赔向发包人要求利益补偿。

索赔依据：

1）《最高人民法院关于审理建设工程施工合同纠纷案件适用法律问题的解释》第9条。

2）《建设工程价款结算暂行办法》第12条。

3）《中华人民共和国标准施工招标文件》第17.3.3项、第17.5.2项。

4）《中华人民共和国标准设计施工总承包招标文件》第17.3.4项、第17.5.2项。

9. 发包人指定的分包人违约或延误

发包人指定的分包人是指由发包人指定、选定，完成某项特定工作内容并与总承包人签订或与发包人、总承包人共同签订分包合同的特殊分包人。指定分包有以下特征。

1）指定分包人是由发包人选定的。

2）指定分包人分包工程必须是总承包合同范围内的专业工程。

3）分包合同由总承包人与指定分包人签订或由发包人、总承包人与指定分包人三方签订。

《工程建设项目施工招标投标办法》第66条规定："招标人不得直接指定分包人。"住房城乡建设部《建筑工程施工转包违法分包等违法行为认定查处管理办法（试行）》于2014年10月1日施行后，发包人指定分包人的，可能影响其质量监督、施工许可等手续的办理，也有可能被记入单位信用档案，影响发包人社会信誉。除此之外，发包人指定的分包人违约或延误，影响工程质量或工期的，还可能被承包人索赔。

据此，承包人为避免承担责任，首先应注意收集证明发包人指定分包人的证据，如发包人通过招标确定指定分包人、发包人直接向指定分包人付款等；其次，承包人还应督促指定分包人按约定施工，在指定分包人违约或违法时及时通知发包人。

索赔依据：《最高人民法院关于审理建设工程施工合同纠纷案件适用法律问题的解释》第12条第3款。

10. 发包人拖延关键线路上工序的验收

关键线路上的工作被称为关键工作，关键线路上各项工作持续时间总和即为项目的工期。关键工作的进度将直接影响到项目的进度，关键线路上的工序出现延误时，将导致工程整体进度拖延。比如，建设工程施工过程中，部分工程可能需要隐蔽覆盖，因此该工程完工后即需由发包人、监理单位予以确认，进行阶段性验收。一般的施工合同中会对阶段性及隐蔽性工程的验收程序进行约定，通常会约定由承包人在相应工程完成后提前通知发包人（或监理单位）检查验收，经发包人（或监理单位）同意后方能开展下道工序。然而，在实践中，由于约定的不明确、施工单位管理经验不足或发包人延误，常常出现因相关阶段性工程验收工作而产生争议，引致索赔的情形。如果发包人未按合同约定的程序及时验收，而承包人又停工等待发包人的验收结论，在该停滞实质造成工程延期的情况下，极易导致承包人的索赔。对此，承包人应保留证据证明：①相关工程工序已达到验收条件；②及时向发包人主张，保留催告记录；③根据合同约定结合工程实际情况选择直接覆盖进行后续施工或停工。

索赔依据：

1）《中华人民共和国合同法》第287条。

2)《建设工程质量管理条例》第 30 条。

3)《中华人民共和国标准施工招标文件》第 13.5.1 项、第 13.5.2 项、第 13.5.3 项、第 14.1.1 项、第 14.1.2 项、第 14.1.3 项。

11. 发包人要求赶工

在建设工程施工过程中，有时会出现发包人要求承包人赶工的情形，这就必然需要承包人调整施工工序、增加施工班组、扩大作业面等，导致承包人在抢工过程中必然增加额外的资金投入，承包人通常会据此向发包人提出索赔。对此，承包人应做到：

1）对于不合理的或可能影响工程质量的赶工指令应予拒绝。

2）要求发包人书面下达赶工指令并保留证据。

3）与发包人书面确定赶工方案。

4）保留证据证明人工费、安全防护费用、材料损耗、机械费用等费用增加的事实和合理性。

索赔依据：

1）《中华人民共和国标准施工招标文件》第 11.6 款。

2）《标准设计施工总承包招标文件》第 11.6 款。

12. 发包人原因导致暂停施工

因发包人原因导致暂停施工，通常包括发包人违法、发包人违约、发包人提出变更等情形，承包人因此可就其产生的损失向发包人提起索赔，相关损失可能包括停工和窝工损失、机械台班损失、额外支出维护性费用等，在暂停施工造成工期拖延后，还有可能涉及的损失包括工程意外进入冬、雨季施工费用，后期赶工所增加的赶工费，工期整体延长后遭遇的人工、机械、材料价格波动损失等。

索赔依据：

1）《中华人民共和国合同法》第 66 条、第 67 条、第 68 条。

2）《中华人民共和国标准施工招标文件》第 12.2 款。

3）《标准设计施工总承包招标文件》第 11.3 款。

13. 情势变更

所谓情势变更，是指合同生效后，因不可归责于合同当事人的原因发生了其在合同订立时无法预见的、非不可抗力造成的不属于商业风险的重大变化，致使合同之基础动摇或丧失，继续履行合同会明显不公平甚至导致合同目的无法实现，当事人可通过司法途径请求变更或解除合同的情形。如有变更合同的可能，则可优先考虑变更合同，具体变更内容可包括增减工程价款、变更施工期限等，如变更合同还不能消除双方明显不公平的结果，或者不能实现合同目的，则可以解除合同。

承包人基于情势变更原则提起索赔时需注意的是，应当及时收集整理当地行业主管部门发布的有关发生情势变更时如何调价的指导性文件，如《关于加强建设工程施工合同中人工、材料等市场价格风险防范与控制的指导意见》等，该类文件从效力层面讲属于效力层级较低的规范性文件，但其是由相关行业主管部门制定，能够较为客观地反映市场情况，对工程造价结算具有指导意义。

索赔依据：

1）《中华人民共和国合同法》司法解释（二）第 26 条。

2）《最高人民法院关于审理建设工程合同纠纷案件的暂行意见》第 27 条。

3）《中华人民共和国标准施工招标文件》第 16. 1. 2 项。

14. 合同终止造成承包人预期利润损失

承包人预期利润是指承包人完成建设工程施工合同的全部工作内容后预期可以获得的财产增值利益。发包人不履行或不适当履行施工合同，导致双方终止履行合同后承包人预期可得利益减少的，承包人可以此为由向发包人提出索赔请求。

实践中，法院一般会综合运用可预见规则、减损规则、损益相抵规则以及过失相抵规则等，即从非违约方主张的可得利益赔偿总额中扣除违约方不可预见的损失、非违约方不当扩大的损失、非违约方因违约获得的利益、非违约方亦有过失所造成的损失以及必要的交易成本。承包人的索赔请求不应超过发包人在签订建设工程施工合同时可以预见到的承包人的可得利润。因此，承包人在投标或签订施工合同时，其投标报价中所包含的利润率、行业整体利润水平、施工合同履行程度、工程进展状况及管理情况等都会影响预期利润损失的认定。

由此可见，承包人可索赔的预期利润损失，不应包括人工费、材料费、机械费、措施费、管理费等，工程造价中的风险费也不宜计入承包人预期利润中。承包人在索赔中，应尽可能从多方面、多角度完成预期利润损失的举证义务，否则在实践中会因受限于预期利润损失的间接性、相对性、不确定性等特点而难获支持。

索赔依据：

1）《中华人民共和国合同法》第 113 条。

2）《最高人民法院关于审理建设工程施工合同纠纷案件适用法律问题的解释》第 14 条。

3）《中华人民共和国标准施工招标文件》第 22. 2. 4 项。

4）《标准设计总承包招标文件》第 22. 2. 3 项。

15. 发包人拖延竣工验收

发包人收到竣工验收申请报告后拒绝、怠于审核承包人提交的竣工验收申请报告，或发包人要求监理人拒绝接收或阻碍监理人接收承包人递交的竣工验收申请报告的，应属发包人拖延验收。发包人拖延验收必将导致承包人无法向发包人交付工程、承包人工程接收款支付期限无法确定、承包人工程人员无法及时撤离施工现场等一系列不确定情形。

一般情况下，承发包双方所签订的建设工程施工合同对于承包人提交的竣工验收申请及发包人、监理人提出的整改意见、审批时限等均应作出明确约定，该约定规范了承发包双方的行为，使竣工验收的申请、审批有约定可遵循。若发包人违反该约定拖延竣工验收，必将侵害承包人的合法权益，不仅因此导致无法确定竣工验收时间、工程款延迟结算及延迟支付，还会导致承包人因无法移交工程而增加看护费用。因此，应对发包人的此类行为追究违约责任。

索赔依据：

1）《中华人民共和国合同法》第 297 条。

2）《建设工程质量管理条例》第 16 条。

3）《最高人民法院关于审理建设工程施工合同纠纷案件适用法律问题的解释》第 14 条。

4）《中华人民共和国标准施工招标文件》第 2. 7 款、第 18. 3. 6 项。

5）《标准设计总承包招标文件》第2.6款、第18.3.6项。

16. 保修期内因发包人原因造成的承包人修复费用

根据《建设工程质量管理条例》第41条"建设工程在保修范围和保修期限内发生质量问题的，施工单位应当履行保修义务"及《房屋建筑工程质量保修办法》第7条："在正常使用下，房屋建筑工程的最低保修期限为……"的规定，承包人对保修期内属于保修范围内的工程且该工程在正常使用情况下造成的缺陷或损坏承担保修责任，并非只要在保修期内工程出现缺陷或损坏的责任一概由承包人承担。因此，出现质量缺陷后应首先界定是否属于保修期限和保修范围内，其次需根据具体情况认定责任人，继而由其承担相关费用。如质量缺陷由发包人原因所致，发包人委托承包人修复的，发包人应向承包人支付修复费用。

索赔依据：

1）《建设工程质量管理条例》第39条。

2）《最高人民法院关于审理建设工程施工合同纠纷案件适用法律问题的解释》第14条。

3）《房屋建筑工程质量保修办法》第4条、第7条、第13条、第17条。

4）《中华人民共和国标准施工招标文件》第19.2.3项。

5）《标准设计总承包招标文件》第19.2.3项。

【基础练习题】

1. 什么是建筑装饰施工项目施工招标投标？其意义和作用是什么？

2. 为什么国家在装饰项目施工中推行资质管理的制度？目前装饰施工企业的资质有几级？

3. 建筑装饰施工项目施工招标投标应包括哪些内容？

4. 在建筑装饰施工项目招标投标工程中主要经过哪几个重要步骤？请简述各步骤的内容。

【实训练习题】

提供1份工程施工招标投标任务书和相关工程资料，要求学生根据任务书的要求做一份装饰工程投标书。

第四章　流水施工与双代号网络技术

第一节　流水施工与双代号网络技术概述

流水施工经过实践证明是一种科学组织生产的有效方法。建筑装饰产品生产是一个复杂的过程，而每一个建筑装饰工程都是由许许多多施工过程组成的，每一个施工过程可以组织一个或多个施工班组来进行施工。如何组织各建筑装饰施工班组按先后顺序、平行搭接，均衡地、有节奏地、连续地施工，这是施工组织中要解决的最基本问题。

双代号网络技术的基本原理：首先绘制工程施工双代号网络图，以此表达计划中各施工过程先后顺序和相互之间在工艺、组织上的逻辑关系；然后通过计算，找出计划安排中的关键线路和关键施工过程，在执行过程中进行有效的控制和监督。网络计划方法主要用来编制建筑装饰施工企业的生产和施工的进度计划，并对计划进行优化、调整和控制，以达到缩短工期、提高功效、降低成本和增加经济效益的目的。

一、组织施工的三种方式

建筑装饰工程的项目施工是以空间装饰的要求按工艺流程、资源利用进行的，其施工方式可以采用依次施工、平行施工和流水施工等组织形式来进行。

例如，某装饰工程有办公室共三间，装饰标准相同，均采用轻钢龙骨隔断，面层刷乳胶漆。主要施工过程为安装沿顶沿地等龙骨→隐蔽工程水电管线安装→安装面层纸面石膏板→面层刷乳胶漆。假设每个施工过程为2d，按房间划分施工段，组织三种施工方式。

1. 依次施工

依次施工也称顺序施工，即指前一个施工过程（或工序或一栋房屋）完工后才开始下一施工过程，一个过程紧接着一个过程依次施工下去，直至完成全部施工过程。一般可以有两种安排方式（图4-1、图4-2）。

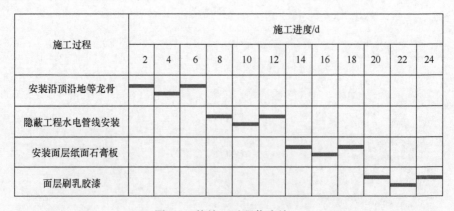

施工过程	施工进度/d											
	2	4	6	8	10	12	14	16	18	20	22	24
安装沿顶沿地等龙骨												
隐蔽工程水电管线安装												
安装面层纸面石膏板												
面层刷乳胶漆												

图 4-1　按施工过程依次施工

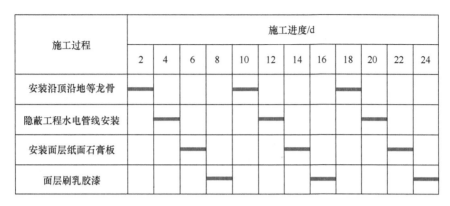

施工过程	施工进度/d											
	2	4	6	8	10	12	14	16	18	20	22	24
安装沿顶沿地等龙骨												
隐蔽工程水电管线安装												
安装面层纸面石膏板												
面层刷乳胶漆												

图 4-2　按施工段（房间）依次施工

依次施工的特点：

1）现场作业单一。

2）每天投入的资源量少，但工期长。

3）各专业施工队不能连续施工，产生窝工现象。

2. 平行施工

平行施工是指工程对象的所有施工过程同时投入作业的一种施工组织方式，也指几个相同的工作队在同一时间、不同的空间上进行施工的组织方式（图4-3）。

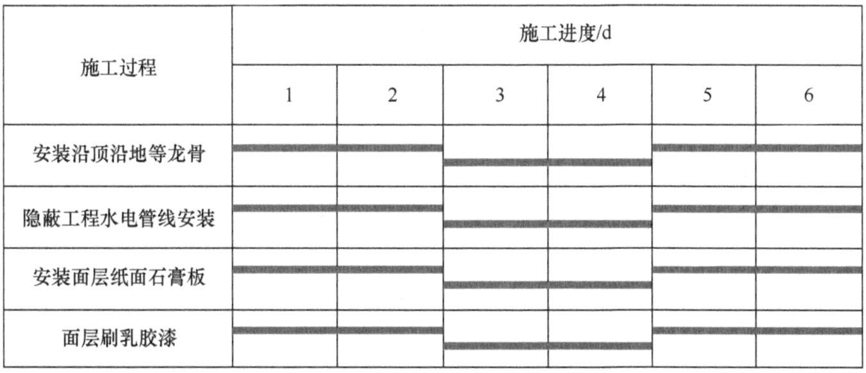

施工过程	施工进度/d					
	1	2	3	4	5	6
安装沿顶沿地等龙骨						
隐蔽工程水电管线安装						
安装面层纸面石膏板						
面层刷乳胶漆						

图 4-3　平行施工

平行施工的特点：

1）工期短，资源强度大，存在交叉作业。

2）有逻辑关系的施工过程之间不能组织平行施工。

3. 流水施工

流水施工是工程项目组织实施的一种管理形式，是由固定组织的工人在若干个工作性质相同的施工环境中依次连续地工作的一种施工组织方法（图4-4）。

流水施工的特点：

1）科学地利用了工作面，争取了时间，总工期趋于合理。

2）工作队及其工人实现了专业化生产，有利于改进操作技术，可以保证工程质量和提高劳动生产率。

　　3）工作队及其工人能够连续作业，相邻两个专业工作队之间可实现合理搭接。

　　4）每天投入的资源量较为均衡，有利于资源供应的组织工作。

　　5）为现场文明施工和科学管理创造了有利条件。

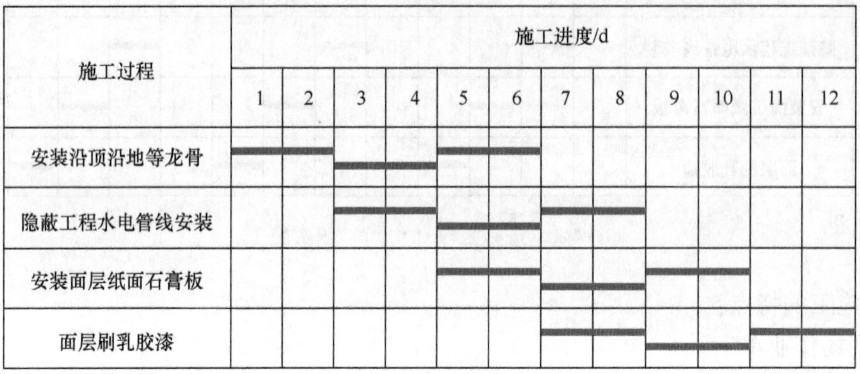

施工过程	施工进度/d											
	1	2	3	4	5	6	7	8	9	10	11	12
安装沿顶沿地等龙骨												
隐蔽工程水电管线安装												
安装面层纸面石膏板												
面层刷乳胶漆												

图 4-4　流水施工

　　采用流水施工所需的工期比依次施工短，资源消耗的强度比平行施工少，最重要的是各作业班组能连续地、均衡地施工，前后施工过程尽可能平行搭接施工，能比较充分地利用施工工作面。通过比较三种施工方式可以看出，流水施工方式是一种先进、科学的施工方式。由于在工艺过程划分、时间安排和空间布置上进行的统筹安排，将会体现出优越的技术经济效果。

二、流水施工的主要参数

　　流水施工主要参数包括工艺参数、空间参数和时间参数。

　　（1）工艺参数　是指在组织流水施工时，用以表达流水施工在施工工艺方面进展状态的参数，通常包括施工过程和流水强度两个参数。

　　1）施工过程。组织建设工程流水施工时，根据施工组织及计划安排需要而将计划任务划分成的子项称为施工过程。

　　2）流水强度。是指流水施工的某施工过程（队）在单位时间内所完成的工程量，也称为流水能力或生产能力。

　　① 机械施工过程的流水强度

$$V_i = \sum_{i=1}^{x} R_i S_i$$

式中　V_i——某施工过程 i 的机械操作流水强度；

　　　　R_i——投入施工过程 i 的某施工机械的台数；

　　　　S_i——投入施工过程 i 的某施工机械的台班产量定额；

　　　　x——投入施工过程 i 的某施工机械的种类。

　　② 人工施工过程的流水强度

$$V_i = R_i S_i$$

式中　R_i——投入施工过程 i 的工作队人数；

S_i——投入施工过程 i 的工作队的平均产量定额；

V_i——投入某施工过程 i 的人工操作流水强度。

（2）空间参数 是指在组织流水施工时，用以表达流水施工在空间布置上开展状态的参数，通常包括工作面和施工段。

1）工作面是指供某专业工种的工人或某种施工机械进行施工的活动空间。

2）施工段是将施工对象在平面或空间上划分成若干个劳动量大致相等的施工段落，也称为流水段。

（3）时间参数 是指在组织流水施工时，用以表达流水施工在时间安排上所处状态的参数，主要包括流水节拍、流水步距和流水施工工期等。

1）流水节拍（通常用"t"来表示）是指在组织流水施工时，某个专业工作队在一个施工段上的施工时间。

$$t = \frac{Q}{SR} = \frac{P}{R}$$

式中 Q——某施工过程在某施工段上的工程量；

P——某施工过程在某施工段上所需劳动量（工日）或机械量（台班）；

S——每工日或台班的计划产量；

R——施工队人数或机械台数。

2）流水步距（通常用"K"来表示）是指组织流水施工时，相邻两个施工过程（或专业工作队）相继开始施工的最小间隔时间。

3）流水施工工期是指从第一个专业工作队投入流水施工开始，到最后一个专业工作队完成流水施工为止的整个持续时间。

$$T = \sum K_{i,i+1} + T_n$$

$$\sum K_{i,i+1} = (n-1)t \quad 且 \quad T_n = mt$$

式中 $\sum K_{i,i+1}$——流水施工中，相邻施工过程之间的流水步距之和；

T_n——流水施工中，最后一个施工过程在所有施工段上完成施工任务所花的时间；

m——施工段数；

n——施工过程数。

三、网络计划的基本内容

1. 网络计划技术包括以下基本内容

（1）网络图 网络图是指网络计划技术的图解模型，反映整个工程任务的分解和合成。分解，是指对工程任务的划分；合成，是指解决各项工作的协作与配合。分解和合成是解决各项工作之间，按逻辑关系的有机组成。绘制网络图是网络计划技术的基础工作。

（2）时间参数 在实现整个工程任务过程中，包括人、事、物的运动状态，这种运动状态都是通过转化为时间函数来反映的。反映人、事、物运动状态的时间参数包括各项工作的作业时间、开工与完工的时间、工作之间的衔接时间、完成任务的机动时间及工程范围和总工期等。

（3）关键路线　通过计算网络图中的时间参数，求出工程工期并找出关键路径。在关键路线上的作业称为关键作业，这些作业完成的快慢直接影响着整个计划的工期。在计划执行过程中关键作业是管理的重点，在时间和费用方面则要严格控制。

（4）网络优化　是指根据关键路线法，通过利用时差，不断改善网络计划的初始方案，在满足一定的约束条件下，寻求管理目标达到最优化的计划方案。网络优化是网络计划技术的主要内容之一，也是较其他计划方法优越的主要方面。

2. 网络计划技术的应用主要遵循以下几个步骤

（1）确定目标　是指决定将网络计划技术应用于哪一个工程项目，并提出对工程项目和有关技术经济指标的具体要求。如在工期方面、成本费用方面要达到什么要求。依据企业现有的管理基础，掌握各方面的信息和情况，利用网络计划技术为实现工程项目，寻求最合适的方案。

（2）分解工程项目　在作业明细表中一个工程项目是由许多作业组成的，在绘制网络图前就要将工程项目分解成各项作业。作业项目划分的粗细程度视工程内容以及不同单位要求而定，通常情况下，作业所包含的内容多、范围大可分粗些，反之细些。作业项目分得细，网络图的结点和箭线就多。对于上层领导机关，网络图可绘制得粗些，主要是纵观全局、分析矛盾、掌握关键、协调工作、进行决策；对于基层单位，网络图就可绘制得细些，以便具体组织和指导工作。在工程项目分解成作业的基础上，还要进行作业分析，以便明确先行作业（紧前作业）、平行作业和后续作业（紧后作业）。即在该作业开始前，哪些作业必须先期完成，哪些作业可以同时平行地进行，哪些作业必须后期完成，或者在该作业进行的过程中，哪些作业可以与之平行交叉地进行。在划分作业项目后便可计算和确定作业时间。一般采用单点估计或三点估计法，然后一并填入明细表中，明细表的格式见表4-1。

表4-1　建筑装饰施工组织的主要任务和职能

作业名称	作业代号	作业时间	紧前作业	紧后作业

（3）绘制网络图　进行节点编号，根据作业时间明细表可绘制网络图。网络图的绘制方法有顺推法和逆推法。

1）顺推法：即从始点时间开始根据每项作业的直接紧后作业，顺序依次绘出各项作业的箭线，直至终点事件为止。

2）逆推法：即从终点事件开始，根据每项作业的紧前作业逆箭头前进方向逐一绘出各项作业的箭线，直至始点事件为止。

同一项任务，用上述两种方法画出的网络图是相同的。一般习惯于按反工艺顺序安排计划的企业，如机器制造企业，采用逆推较方便，而建筑安装等企业，则大多采用顺推法。按照各项作业之间的关系绘制网络图后，要进行节点的编号。

（4）计算网络时间　确定关键路线，根据网络图和各项活动的作业时间，可以计算出全部网络时间和时差，并确定关键线路。具体计算网络时间并不太难，但比较烦琐。在实际工作中影响计划的因素很多,要耗费很多的人力和时间。因此,只有采用电子计算机才能对计划进行局部或全部调整,这也为推广应用网络计划技术提出了新内容和新要求。

(5)进行网络计划方案的优化　找出关键路径,也就初步确定了完成整个计划任务所需要的工期。这个总工期,是否符合合同或计划规定的时间要求,是否与计划的劳动力、物资供应、成本费用等计划指标相适应,需要进一步综合平衡,通过优化择取最优方案。然后正式绘制网络图,编制各种进度表以及工程预算等各种计划文件。

(6)网络计划的贯彻执行　编制网络计划仅仅是计划工作的开始。计划工作不仅要正确地编制计划,更重要的是组织计划的实施。网络计划的贯彻执行,要发动群众讨论计划,加强生产管理工作,采取切实有效的措施,保证计划任务的完成。在应用电子计算机的情况下,可以利用计算机对网络计划的执行进行监督、控制和调整,只要将网络计划及执行情况输入计算机,就能自动运算、调整,并输出结果,以指导生产。

第二节　流水施工组织与双代号网络计划技术和设计

一、流水施工组织方式

在流水施工中,根据流水节拍的特征将流水施工进行分类,可分为无节奏流水施工、等节奏流水施工和异节奏流水施工三类。

1. 无节奏流水施工

无节奏流水施工是指在组织流水施工时,全部或部分施工过程在各个施工段上的流水节拍不相等的流水施工。这种施工是流水施工中最常见的一种。

【例1】某建筑装饰工程有 A、B、C 三个施工过程,四个施工段,流水节拍见表4-2,试计算流水步距和工期,并绘制流水施工进度表。

表4-2　某建筑装饰工程流水节拍

流水步距　　　　施工过程	施 工 段			
	①	②	③	④
A	3	4	3	2
B	3	4	4	3
C	4	4	4	3

【解】计算流水步距采用"累加数列错位相减取大差"(逐段累加,错位相减,差值取大)法计算。将每个施工过程的流水节拍逐段累加;按数列错位相减;取差值最大者作为流水步距,计算如下。

(1)求 $K_{A,B}$　　　　　　　　　　　　　求 $K_{B,C}$

$$
\begin{array}{r}
3 \quad 7 \quad 10 \quad 12 \\
- \quad\quad 3 \quad 7 \quad 11 \quad 14 \\
\hline
3 \quad (4) \quad 3 \quad 1 \quad -
\end{array}
\qquad
\begin{array}{r}
3 \quad 7 \quad 11 \quad 14 \\
- \quad\quad 4 \quad 7 \quad 11 \quad 14 \\
\hline
3 \quad 3 \quad (4) \quad 3 \quad -
\end{array}
$$

所以 $K_{A,B} = 4$，$K_{B,C} = 4$

（2）计算工期

$$T = \sum K_{i,i+1} + T_n = 4 + 4 + 4 + 3 + 4 + 3 = 22(d)$$

（3）绘制该装饰工程施工进度安排表（图4-5）

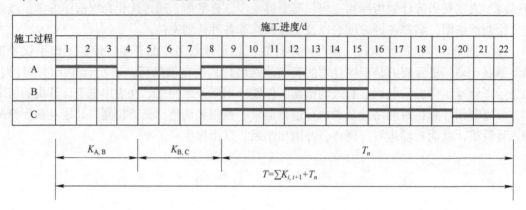

图4-5 无节奏流水施工

2. 等节奏流水施工

等节奏流水施工是指在有节奏流水施工中，各施工过程的流水节拍都相等的流水施工，也称为固定节拍流水施工或全等节拍流水施工，即等节拍等步距流水和等节拍不等步距流水。

（1）等节拍等步距流水　等节拍等步距流水是指各流水步距值均相等，且等于流水节拍值。可由下式计算

$$T = \sum K_{i,i+1} + T_n$$

式中　$\sum K_{i,i+1}$——流水施工中各流水步距之和；

　　　　T_n——流水施工中最后一个施工过程的持续时间。

等节拍等步距流水施工的工期可由下式计算

$$T = (n + m - 1) \cdot K$$

或

$$T = (n + m - 1) \cdot t$$

【例2】 某装饰工程划分为四个施工过程，每个施工过程分为三个施工段，流水节拍为3d，该工程等节拍等步距流水施工进度计划安排如图4-6所示，计算其工期。

$$T = (n + m - 1) \cdot t = (4 + 3 - 1) \times 3 = 18(d)$$

（2）等节拍不等步距流水　各个施工过程在各个施工段上的流水节拍相等，流水步距不相等，流水步距与流水节拍之间存在着某种函数关系。

每个专业工作队都能够连续作业，施工段可能有间歇或搭接时间；专业工作队数目等于施工过程数目。这种流水施工的工期可由下式计算

$$T = (n + m - 1) \cdot t + \sum t_j - \sum t_d$$

式中　$\sum t_j$——所有间歇时间之和；

　　　　$\sum t_d$——所有搭接时间之和。

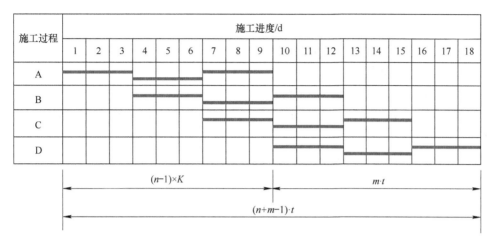

图 4-6　等节拍等步距流水施工

【例 3】 某装饰工程划分为四个施工过程，每个施工过程分为四个施工段，流水节拍为 3d，其中施工过程 A 和 B 之间有 2d 间歇时间，施工过程 B 和 C 之间有 1d 搭接时间。

该工程等节拍不等步距流水施工进度计划安排如图 4-7 所示，计算其工期。

$$T = (n + m - 1) \cdot t + \sum t_j - \sum t_d = (4 + 4 - 1) \times 3 + 2 - 1 = 22(\text{d})$$

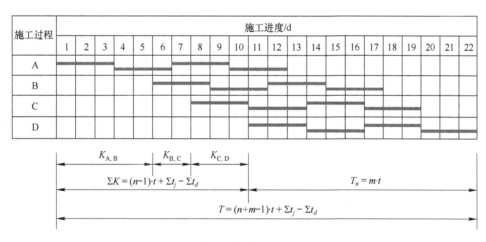

图 4-7　等节拍不等步距流水施工

3. 异节奏流水施工

异节奏流水施工是指在有节奏流水施工中，各施工过程的流水节拍各自相等而不同施工过程之间的流水节拍不尽相等的流水施工，在组织异节奏流水施工时，又可以采用等步距和异步距两种方式。

（1）成倍节拍流水　成倍节拍流水施工是保持同一施工过程各施工段的流水节拍相等，并使某些施工过程的流水节拍成为其他施工过程流水节拍的整数倍，形成成倍节拍流水施工。在流水节拍大的施工过程中相应增加施工班组数，每个施工过程所需的施工班组数可由下式确定

$$b_i = \frac{t_i}{t_{min}}$$

式中 b_i——某施工过程所需施工班组数；

t_i——某施工过程流水节拍；

t_{min}——所有流水节拍的最小流水节拍。

在成倍节拍流水施工中，流水步距等于所有流水节拍的最小流水节拍，即

$$K = t_{min}$$

成倍节拍流水施工的工期按下式计算

$$T = (m + n' - 1)t_{min}$$

式中 n'——施工班组总数，$n' = \sum b_i$。

【例4】某宾馆客房装饰工程60套，每5间为一个施工段，如每间客房装饰工程分为铺地板、墙面乳胶漆、轻钢龙骨吊顶三个施工过程，设 $t_1 = 2d$，$t_2 = 4d$，$t_3 = 6d$，试组织成倍流水施工并画出横道图。

【解】施工段数 $m = 60/5 = 12$

$$t_1 = 2d, \ t_2 = 4d, \ t_3 = 6d, \ 则 \ t_{min} = 2d$$
$$b_1 = t_1/t_{min} = 2/2 = 1 \ （个）$$
$$b_2 = t_2/t_{min} = 4/2 = 2 \ （个）$$
$$b_3 = t_3/t_{min} = 6/2 = 3 \ （个）$$

施工班组总数为：$n' = \sum b_i = 1 + 2 + 3 = 6 \ （个）$

该工程流水步距为：$K = t_{min} = 2d$

该工程工期为：$T = (m + n' - 1) \ t_{min} = (6 + 12 - 1) \times 2 = 34 \ （d）$

根据所确定的流水施工参数绘制该工程进度计划，如图4-8所示。

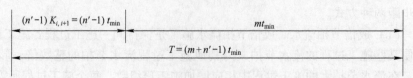

图4-8 成倍节拍流水施工

（2）不等节拍流水

1）各个施工过程在各个施工段上的流水节拍通常不相等。

2）流水步距与流水节拍之间存在着某种函数关系，流水步距也多数不相等。

3）每个专业工作队都能够连续作业，施工段可能有间歇时间。

4）专业工作队数目等于施工过程数目。

二、双代号网络计划技术

双代号网络图也称"箭线图法"。用箭线表示活动，并在节点处将活动连接起来表示依赖关系的网络图。仅用结束—开始关系及用虚工作线表示活动间逻辑关系。其中，因为箭线是用来表示活动的，有时为确定所有逻辑关系，可使用虚拟活动，如图4-9所示。

图4-9　双代号表示方法

1）箭线的箭尾节点表示该工作的开始，箭线的箭头节点表示该工作的结束。

2）箭线：在双代号网络图中，工作一般使用箭线表示，任意一条箭线都需要占用时间、消耗资源，工作名称写在箭线的上方，而消耗的时间则写在箭线的下方。

3）虚箭线：是实际工作中不存在的一项虚设工作，因此一般不占用资源、不消耗时间，虚箭线一般用于正确表达工作之间的逻辑关系，如图4-10所示。

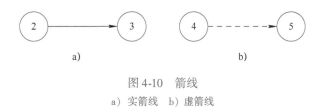

图4-10　箭线

a）实箭线　b）虚箭线

4）节点：反映的是前后工作的交接点，节点中的编号可以任意编写，但应保证后续工作的节点比前面节点的编号大，且不得有重复。

5）起始节点：即第一个节点，它只有外向箭线（即箭头离向节点）。

6）终点节点：即最后一个节点，它只有内向箭线（即箭头指向节点）。

7）中间节点：既有内向箭线又有外向箭线的节点。

8）线路：即网络图中从起始节点开始，沿箭头方向通过一系列箭线与节点，最后到达终点节点的通路，称为线路。一个网络图中一般有多条线路，线路可以用节点的代号来表示，比如①→②→③→⑤→⑥线路的长度就是线路上各工作的持续时间之和。

9）关键线路：即持续时间最长的线路，一般用双线或粗线标注，网络图中至少有一条关键线路。关键线路上的节点叫关键节点，关键线路上的工作叫关键工作。双代号工作分类表示方式如图4-11所示。

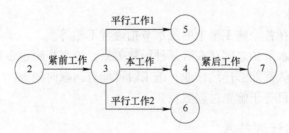

图 4-11   双代号工作分类表示方式

三、时标网络计划

时标网络计划是以时间坐标为尺度表示工作时间的网络计划。时标的时间单位应根据需要在编制网络计划之前确定，可为小时、天、周、月或季等。由于时标网络计划具有形象直观、计算量小的突出优点，在工程实践中应用比较普遍，因此其编制方法和使用方法日益受到应用者的普遍重视。

1. 时标网络计划的特点

1) 它兼有网络计划与横道计划两者的优点，能够清楚地表明计划的时间进程。

2) 时标网络计划能在图上直接显示各项工作的开始与完成时间、工作自由时差及关键线路。

3) 时标网络计划在绘制中受到时间坐标的限制，因此不易产生循环回路之类的逻辑错误。

4) 可以利用时标网络计划图直接统计资源的需要量，以便进行资源优化和调整。

5) 因为箭线受时标的约束，故绘图不易，修改也较困难，往往要重新绘图。

2. 时标网络计划适用范围

时标网络计划适用于以下几种情况：

1) 工程项目较少、工艺过程比较简单的工程。

2) 局部网络计划。

3) 作业性网络计划。

4) 使用实际进度前锋线进行进度控制的网络计划。

3. 时标网络计划编制

时标网络计划编制一般规定：

1) 时标网络计划应以实箭线表示实工作，以虚箭线表示虚工作，以波形线表示工作的自由时差。无论哪一种箭线，均应在其末端给出箭头。

2) 当工作中有时差时，波形线紧接在实箭线的末端；当虚工作有时差时，不得在波形线之后画实线。

3) 工作开始节点中心的右半径及工作结束节点的左半径的长度，斜线水平投影的长度均代表该工作的持续时间值。因此为使图形表达清楚、易懂易计算，在时标网络计划中尽量不用斜箭线。

4) 时标网络计划宜按最早时间编制，即在绘制时应使节点和虚工作尽量向左靠，但是不能出现逆向虚箭线。这样其时差出现在最早完成时间之后，这就给时差的应用带来灵活性，并使时差有实际应用的价值。

5）绘制时标网络计划之前，应先按已确定的时间单位绘出时标表。时标可标注在时标表的顶部或底部。时标的长度单位必须注明。必要时，可在顶部时标之上或底部时标之下加注日历的对应时标。时标网络计划宜按各项工作的最早开始时间编制。为此，在编制时标网络计划时应使每一个节点和每一项工作（包括虚工作）尽量向左靠，直至不出现从右向左的逆向箭线为止。当网络计划的规模比较大，且比较复杂时，可以在时标网络计划表的顶部和底部同时标注时间坐标。

4. 时标网络计划的绘制方法

时标网络计划的绘制方法有两种：一种是先计算网络计划的时间参数，再根据时间参数按草图在时标表上进行绘制（即间接绘制法）；另一种是不计算网络计划的时间参数，直接按草图在时标表上编绘（即直接绘制法）。

间接绘制法：

1）按逻辑关系绘制双代号网络计划草图。

2）计算工作最早时间。

3）绘制时标表。

4）在时标表上，按最早开始时间确定每项工作的开始节点位置（图形尽量与草图一致）。

5）按各工作的时间长度绘制相应工作的实线部分，使其在时间坐标上的水平投影长度等于工作时间；虚工作因为不占时间，故只能以垂直虚线表示。

6）用波形线把实线部分与其紧后工作的开始节点连接起来，以表示自由时差。

直接绘制法：

1）将网络计划的起点节点定位在时标网络计划表的起始刻度线上。

2）按工作的持续时间绘制以网络计划起点节点为开始节点的工作箭线。

3）除网络计划的起点节点外，其他节点必须在所有以该节点为完成节点的工作箭线均给出后，定位在这些工作箭线中最迟的箭线末端。当某些工作箭线的长度不足以到达该节点时，须用波形线补足，箭头画在与该节点的连接处。

4）利用上述方法从左至右依次确定其他各个节点的位置，直至给出网络计划的终点节点。

5. 关键线路确定

时标网络计划关键线路可自终点节点逆箭线方向朝起点节点逐次进行判定，自始至终都不出现波形线的线路即为关键线路。其原因是如果某条线路自始至终都没有波形线，这条线路就都不存在自由时差，也就不存在总时差，自然它就没有机动余地，就是关键线路。或者说，这条线路上的各工作的最迟开始时间与最早开始时间是相等的，这样的线路特征也只有关键线路才能具备。

6. 时标网络计划坐标体系

时标网络计划的坐标体系有计算坐标体系、工作日坐标体系和日历坐标体系三种。

1）计算坐标体系：计算坐标体系主要用作网络计划时间参数的计算。采用该坐标体系便于时间参数的计算，但不够明确。如按照计算坐标体系，网络计划所表示的计划任务从第0天开始，就不容易理解。实际上应为第1天开始或明确表示出开始日期。

2）工作日坐标体系：工作日坐标体系可明确表示出各项工作在整个工程开工后第几天（上班时刻）开始和第几天（下班时刻）完成。但不能表示出整个工程的开工日期和完工日期以及各项工作的开始日期和完成日期。在工作日坐标体系中，整个工程的开工日期和各项工作的开始日期分别等于计算坐标体系中整个工程的开工日期和各项工作的开始日期加1；而整个工程的完工日期和各项工作的完成日期就等于计算坐标体系中整个工程的完工日期和各项工作的完成日期。

3）日历坐标体系：日历坐标体系可以明确表示出整个工程的开工日期和完工日期以及各项工作的开始日期和完成日期，同时还可以考虑扣除节假日休息时间。

四、搭接网络计划

在建筑装饰工程施工的工作实践中，搭接关系是大量存在的，要求控制进度的计划图形能够表达和处理好这种关系。然而传统的单代号和双代号网络计划却只能表示两项工作首尾相接的关系，即前一项工作结束，后一项工作立即开始，而不能表示搭接关系，遇到搭接关系，不得不将前一项工作进行分段处理，以符合前面工作不完成后面工作不能开始的要求，这就使得网络计划变得复杂起来，绘制、调整都不方便。针对这一重大问题和普遍需要，行业内陆续出现了许多表示搭接关系的网络计划，统称为"搭接网络计划"，其特点是把前后连续施工的工作互相搭接起来进行，即前一工作提供了一定工作面后，后一工作即可及时插入施工，不必等待前面工作全部完成之后再开始，同时用不同的时距来表达不同的搭接关系。

1. 搭接关系表示方法

在搭接网络计划中，各个工作之间的逻辑关系是靠前后两道工作的开始或结束之间的一个规定时间来相互约束的，这些规定的约束时间称为时距，时距是按照工艺条件、工作性质等特点规定的两道工作间的约束条件。

2. 搭接网络计划绘制

搭接网络图的绘制与单代号网络图的绘图方法基本相同，也要经过任务分解、逻辑关系的确定和工作持续时间的确定，绘制工作逻辑关系表，确定相邻工作的搭接类型与搭接时距；再根据工作逻辑关系表，首先绘制单代号网络图，最后再将搭接类型与时距标注在箭线上。

3. 搭接网络图的绘制应符合下列要求

1）根据工序顺序依次建立搭接关系，正确表达搭接时距。

2）只允许有一个起点节点和一个终点节点。为此，有时要设置一个虚拟的起点节点和一个虚拟的终点节点，并在虚拟的起点节点和终点节点中分别标注"开始"和"完成"字样。

3）一个节点表示一道工序，节点编号不能重复。

4）箭线表示工序之间的顺序及搭接关系。

5）不允许出现逻辑环。

6）在搭接网络图中，每道工序的开始都必须直接或间接地与起点节点建立联系，并受其制约。

7）每道工序的结束都必须直接或间接地与终点节点建立联系，并受其控制。

8）在保证各工序之间的搭接关系和时距的前提下，尽可能做到图面布局合理、层次清晰和重点突出。关键工序和关键线路，均要用粗箭线或双箭线画出，以区别非关键线路。

9）密切相关的工作，要尽可能相邻布置，以尽可能避免交叉箭线。如果无法避免时，应采用暗桥法表示。

双代号网络图逻辑关系表达示例见表4-3。

表 4-3　双代号网络图逻辑关系表达示例

序号	工作间的逻辑关系	双代号网络图上的关系表示	说　　明
1	A、B 两项工作，依次进行施工		B 依赖 A，A 约束 B
2	A、B、C 三项工作，同时开始施工		A、B、C 三项工作为平行施工方式
3	A、B、C 三项工作，同时结束施工		A、B、C 三项工作为平行施工方式
4	A、B、C 三项工作，只有 A 完成之后，B、C 才能开始施工		A 工作制约 B、C 工作开始，B、C 工作为平行施工方式
5	A、B、C 三项工作，C 工作只能在 A、B 完成之后开始		C 工作依赖于 A、B 工作，A、B 工作为平行施工方式
6	A、B、C、D 四项工作，当 A、B 完成之后，C、D 才能开始		双代号表示法是以中间○把四项工作间的逻辑关系表达出来
7	A、B、C、D 四项工作，A 完成之后，C 才能开始，A、B 完成之后，D 才能开始		A 制约 C、D 开始，B 只制约 D 的开始；A、D 之间引入了虚工作
8	A、B、C、D、E 五项工作，A、B 完成之后，D 才能开始，B、C 完成之后，E 才能开始		D 依赖 A、B 的完成，E 依赖 B、C 的完成；双代号表示法以虚工作表达 A、B、C 之间上述逻辑关系

（续）

序号	工作间的逻辑关系	双代号网络图上的关系表示	说　明
9	A、B、C、D、E 五项工作，A、B、C 完成之后，D 才能开始，B、C 完成之后，E 才能开始		A、B、C 制约 D 的开始；B、C 制约 E 的开始；双代号表示以虚工作表达上述逻辑关系
10	A、B 两项工作，按三个施工段进行流水施工		按工种建立两个专业工作队，分别在三个施工段上进行流水作业；双代号表示法以虚工作表达工种间的关系

五、流水网络计划

流水网络计划方法是综合运用流水施工和网络计划原理，吸取横道图与双代号网络图表达计划的长处，并使两者结合起来的一种双代号网络计划。

1. 流水双代号网络计划基本概念

（1）流水箭线　将一般双代号网络计划中同一施工过程的某种若干个流水段的若干条箭线，合并成一条"流水箭线"。流水箭线根据流水施工组织的需要，可分为"连续流水箭线"和"间断流水箭线"。其中"连续流水箭线"用粗实线表示。"间断流水箭线"表示该施工过程在各施工段上的施工有间断，在流水箭线的箭尾和箭头处画两个图形节点，编上号码即可。

（2）时距箭线　时距箭线是用于表达两个相邻施工过程之间逻辑上和时间上的相互制约关系的箭线。它既有逻辑制约关系的功能，又有时间的延续长度，但不包含施工内容和资源消耗，均用细实线表示。流水网络计划图中的时距箭线分为下述四种。

1）开始时距：开始时距是指两个相邻的施工过程先后投入第一施工段的时间间隔。它表示出了相邻两施工过程之间的逻辑连接。

2）结束时距：结束时距是指两个相邻的施工过程先后退出最后一个施工段的时间间隔。它制约两个相邻施工过程先后结束时间的逻辑关系。

3）间歇时距：间歇时距是指两个相邻施工过程前一个结束到后一个开始之间的间歇时间，一般有技术间歇时间和组织间歇时间。

4）跨控时距：跨控时距是指从某一施工过程的开始，跨越若干个施工过程之后，到某一施工过程结束之间的时间，一般指若干个施工过程的工期控制时间。

2. 流水网络图的画法

（1）节点的形式　节点的表达形式与前面所述各种网络图的节点不同，它需要在节点中标注出分段数与每段作业持续时间的情况，这是计算流水步距的基础。如果每段作业时间相同，则用每段作业时间乘段数表示，否则应顺序分段列出每段作业时间。

（2）工作持续时间的表示方法　为了简化，把处在流水工作间而有规则地间断施工的工作也作为流水的工作而加入到流水线中。这样，工作的时间不仅包括实际作业时间，也计入了间歇时间，即从开工直至完成的全部作业时间，我们称之为"延续时间"。

（3）流水搭接关系的表示方法 凡划分施工段按流水作业原理组织施工的，工作间的流水搭接关系都用虚箭线连接表示，并在箭线下方或左方注明流水步距；图中非流水各工作的逻辑关系则仍用实箭线表示。

六、网络计划优化

网络计划的优化是指在一定约束条件下，按既定目标对网络计划不断加以改进，以寻求满意方案的过程。网络计划的优化目标应按计划任务的需要和条件选定，包括工期目标、费用目标和资源目标。根据优化目标的不同，网络计划的优化可分为工期优化、费用优化和资源优化三种。

1. 工期优化

在网络计划中，完成任务的计划工期是否满足规定的要求是衡量编制计划是否达到预期目标的一个首要问题。工期优化就是以缩短工期为目标，对初始网络计划加以调整，使其满足规定。一般是通过压缩关键工作的持续时间，从而使关键线路的线路时间即工期缩短。需要注意的是，在压缩关键线路的线路时间时，会使某些时差较小的次关键线路上升为关键线路，这时需要再次压缩新的关键线路，如此逐次逼近，直到达到规定工期为止。工期优化方法是：当计算工期不满足要求工期时，可通过压缩关键工作的持续时间来满足工期要求。

2. 费用优化

费用优化是以满足工期要求的施工费用最低为目标的施工计划方案的调整过程。通常在寻求网络计划的最佳工期大于规定工期或在执行计划过程中需要加快施工进度时，需要进行费用优化。

在建设工程施工过程中，完成一项工作通常可以采用多种施工方法和组织方法，而不同的施工方法和组织方法，又会有不同的持续时间和费用。由于一项建设工程往往包含许多工作，所以在安排建设工程进度计划时，就会出现许多方案。进度方案不同，所对应的总工期和总费用也就不同。为了能从多种方案中找出总成本最低的方案，必须首先分析费用和时间之间的关系。

（1）工期与成本的关系 时间（工期）和成本之间的关系是十分密切的。对同一工程来说，施工时间长短不同，则其成本（费用）也会不一样，二者之间在一定范围内是呈反比关系的，即工期越短则成本越高。工期缩短到一定程度之后，再继续增加人力、物力和费用也不一定能使之再短，而工期过长则非但不能相应地降低成本，反而会造成浪费，增加成本，这是就整个工程的总成本而言的。如果具体分析成本的构成要素，则它们与时间的关系又各有其自身的变化规律。一般的情况是，材料、人工、机具等称作直接费用的开支项目，将随着工期的缩短而增加，因为工期越压缩则增加的额外费用也必定越多。如果改变施工方法，改用费用更昂贵的设备，就会额外地增加材料或设备费用；实行多班制施工，就会额外地增加许多夜班支出，如照明费、夜餐费等，甚至工作效率也会有所降低。工期越短则这些额外费用的开支也会越加急剧地增加。但是，如果工期缩短得不算太紧时，增加的费用还是较低的。对于通常称作间接费的那部分费用，如管理人员工资、办公费、房屋租金、仓储费等，则是与时间成正比的，时间越长则花的费用也越多。

（2）工作直接费用与持续时间的关系　在网络计划中工期的长短取决于关键线路的持续时间，而关键线路是由许多持续时间和费用各不相同的工作所构成的。为此必须研究各项工作的持续时间与直接费用的关系。一般情况下，随着工作时间的缩短，费用逐渐增加，工作的直接费用率越大，说明将该工作的持续时间缩短一个时间单位，所需增加的直接费用就越多；反之，将该工作的持续时间缩短一个时间单位，所需增加的直接费用就越少。因此，在压缩关键工作的持续时间以达到缩短工期的目的时，应将直接费用率最小的关键工作作为压缩对象。当有多条关键线路出现而需要同时压缩多个关键工作的持续时间时，应将它们的直接费用率之和（组合直接费用率）最小者作为压缩对象。

（3）费用优化方法　费用优化的基本方法就是根据组成网络计划的各项工作的持续时间与费用关系，找出能使计划工期缩短而又能使得直接费用增加最少的工作，不断地缩短其持续时间，然后考虑间接费用随着工期缩短而减少的影响，把不同工期下的直接费用和间接费用分别叠加起来，即可求得工程成本最低时的相应最优工期和工期一定时相应的最低工程成本。

3. 资源优化

一个部门或单位在一定时间内所能提供的各种资源（劳动力、机械及材料等）是有限的，还有一个如何经济而有效地利用这些资源的问题。在资源计划安排时有两种情况：一种情况是网络计划所需要的资源受到限制，如果不增加资源数量（例如劳动力），有时会迫使工程的工期延长，资源优化的目的是使工期延长最少；另一种情况是在一定时间内如何安排各工作活动时间，使可供使用的资源均衡地消耗。资源消耗是否均衡，将影响企业管理的经济效果。这里所讲的资源优化，其前提条件是：

1）在优化过程中，不改变网络计划中各项工作之间的逻辑关系。

2）在优化过程中，不改变网络计划中各项工作的持续时间。

3）网络计划中各项工作的资源强度为常数，而且是合理的。

4）除规定可中断的工作外，一般不允许中断工作，应保持其连续性。

【基础练习题】

1. 流水施工的基本形式有多少种？

2. 流水施工方式的特点是什么？

3. 简述双代号网络计划的基本原理。

4. 双代号网络计划的特点是什么？

【专业练习题】

1. 某工程有 A、B、C、D 四个施工过程，每个施工过程均划分为四个施工段，设 $T_A = 2$ 天，$T_B = 4$ 天，$T_C = 3$ 天，$T_D = 1$ 天。试分别计算依次施工、平行施工及流水施工的工期，并绘出各自的施工进度计划。

2. 已知某工程任务划分为五个施工过程，分五段组织流水施工，流水节拍 2 天，在第二个施工过程开始后有 2 天技术和组织间歇时间，试计算其工期并绘制进度计划。

3. 某分部工程，已知施工过程 $n = 4$，施工段数 $m = 4$，各施工过程在各施工段的流水节拍如表 4-4 所示，并且在 B 与 C 之间要求技术间歇 $t_j = 2$ 天，试组织流水施工，计算流水步距和工期，并画出流水施工横道图，且标明流水步距。

表　4-4

序号	施工工序	施 工 段			
		①	②	③	④
1	A	3	3	3	3
2	B	2	2	2	2
3	C	4	4	4	4
4	D	2	2	2	2

4. 根据表4-5所示数据，试计算各流水步距和工期，并绘制出流水施工进度计划。

表　4-5

流水节拍　　施工过程	施 工 段			
	①	②	③	④
A	3	4	2	1
B	4	5	1	4
C	2	4	4	2
D	3	7	1	3

5. 根据表4-6所示数据，绘制出双代号网络图并进行节点编号。

表　4-6

施工过程名称	A	B	C	D	E	F	G	H
紧前施工过程	无	A	B	B	B	C、D	C、E	F、G
紧后施工过程	B	C、D、E	F、G	F	G	H	H	无

6. 根据表4-7所给出的各施工过程的逻辑关系，绘制出双代号网络图并进行节点编号。

表　4-7

施工过程名称	A	B	C	D	E	F	G	H	I	J	K
紧前施工过程	无	A	A	A	B	C	D	E、C	F	F、G	H、I、J
紧后施工过程	B、C、D	E	F、H	G	H	I、J	J	K	K	K	无
持续时间	2	3	4	5	6	2	2	5	5	6	3

【实训练习题】

用一套装饰施工图，给予一定的时间参数，要求参照范例，画出施工计划进程图（含横道图和双代号网络图）。

第五章　建筑装饰工程施工组织设计

第一节　建筑装饰工程施工组织设计编制内容与流程

建筑装饰装修施工组织设计的任务是在施工前根据合同要求、工程特点及与之配套的专业施工要求，对人力、资金、材料、机具、施工方法、施工作业环境等主要因素，运用科学的方法和手段进行科学的计划、合理的组织和有效的控制，从而在保证完成合同约定的工程质量、施工进度、环境保护等目标的基础上，最大限度地降低工程成本和消耗，让业主满意，以谋求企业的最大利润。

建筑装饰装修工程施工组织设计是规划和指导整个装饰装修工程从施工准备到施工过程以及竣工交验全过程的一个综合性技术经济文件。它既要充分体现装饰装修工程的设计和使用功能要求，又要符合建筑装饰装修施工的客观规律，对施工的全过程起到战略部署和战术安排的作用。装饰装修施工组织设计是施工准备工作的重要组成部分，是做好施工准备工作的主要依据和保证。建筑装饰装修工程施工组织设计是编制施工预算和施工计划的主要依据，是装饰装修施工企业进行经济技术管理的重要组成部分。

因此，编好建筑装饰装修工程施工组织设计，按科学规律组织施工，建立正常的施工程序，有计划地开展各项施工作业，保证劳动力和各项资源的正常供应，协调各施工队、组、各工种、各种资源之间以及空间安排布置与时间的相互关系等，对完成合同目标，都将起到重要的、积极的作用。

一、施工组织设计编制内容

装饰施工组织设计是用来指导装饰工程施工管理全过程的各项施工活动的综合性指导文件。它涉及的内容复杂，包括：工程编制概况，业主和设计要求，施工管理规划，施工准备工作，工期进度安排及保证措施，主要分项施工方法，专项施工方法和技术措施，质量保证体系及措施，安全生产及文明施工保护措施等内容。

1. 施工组织设计编制依据

装饰工程施工组织设计按照工程施工进度计划、施工现场的实际情况等编制，开工日期依据业主发出的书面通知（或合同规定日期）为准，具体依据如下。

1）装饰工程招标文件。

2）装饰工程招标施工图纸。

3）招标答疑。

4）现场踏勘情况。

5）《建筑分项工程施工工艺标准》。

6）《建筑装饰工程质量管理》。

7）《实用建筑装饰施工手册》。

2. 国家关于工程施工的相关法律、规范和规定

在编制装饰施工组织设计和计划时，必须符合国家的相关法律和规范的要求，必须按照相关的规定执行，国家对建筑工程及相关项目的具体法规主要有：

1）《中华人民共和国建筑法》。

2）《中华人民共和国招标投标法》。

3）《中华人民共和国合同法》。

4）《中华人民共和国安全生产法》。

5）《建筑工程施工质量验收统一标准》（GB 50300—2013）。

6）《建筑装饰装修工程质量验收标准》（GB 50210—2018）。

7）《建筑地面工程施工质量验收规范》（GB 50209—2010）。

8）《建筑电气工程施工质量验收规范》（GB 50303—2015）。

9）《火灾自动报警系统设计规范》（GB 50116—2013）。

10）《建筑内部装修设计防火规范》（GB 50222—2017）。

11）《建筑给水排水及采暖工程施工质量验收规范》（GB 50242—2002）。

12）《工程测量规范》（GB 50026—2007）。

13）《民用建筑工程室内环境污染控制规范》（GB 50325—2010）。

14）《室内装饰装修材料 人造板及其制品中甲醛释放限量》（GB 18580—2017）。

15）《室内装饰装修材料 溶剂型木器涂料中有害物质限量》（GB 18581—2009）。

16）《室内装饰装修材料 内墙涂料中有害物质限量》（GB 18582—2008）。

17）《室内装饰装修材料 胶粘剂中有害物质限量》（GB 18583—2008）。

18）《室内装饰装修材料 木家具中有害物质限量》（GB 18584—2001）。

19）《职业健康安全管理体系要求》（GB/T 28001—2011）。

20）《环境管理体系 要求及使用指南》（GB/T 24001—2016）。

21）《室内装饰装修材料 地毯、地毯衬垫及地毯胶粘剂有害物质限放限量》（GB 18587—2001）。

22）《建筑材料放射性核素限量》（GB 6566—2010）。

23）《建设工程项目管理规范》（GB/T 50326—2017）。

24）《建筑工程文件归档规范》（GB/T 50328—2014）。

25）《建筑施工安全检查标准》（JGJ 59—2011）。

26）《建筑机械使用安全技术规程》（JGJ 33—2012）。

27）《建筑施工扣件式钢管脚手架安全技术规范》（JGJ 130—2011）。

28）《建设工程施工现场供用电安全规范》（GB 50194—2014）。

二、施工组织设计的基本程序

室内装饰工程施工组织设计的内容及其各个组成部分形成的先后顺序及相互之间的制约关系如图5-1所示。

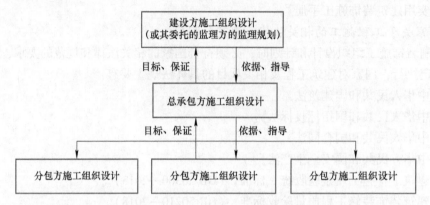

图 5-1　建筑装饰工程施工组织设计组成及相互关系

1. 按施工工作范围准备

施工准备工作的范围按施工项目的不同要求进行，一般可分为全场性施工准备、单位工程施工条件准备和分部分项工程作业条件准备三种。

1）全场性施工准备是以一个施工工地为对象而进行的各项施工准备。其特点是施工准备工作的目的、内容都是为全场性施工服务的，它不仅要为全场性的施工活动创造有利条件，而且要兼顾单位工程施工条件的准备。

2）单位工程施工条件准备是以一个建筑物为对象而进行的施工条件准备工作。其特点是施工准备工作的目的、内容都是为单位工程施工服务的，它不仅为该单位工程的施工做好一切准备，而且要为分部分项工程做好施工准备工作。

3）分部分项工程作业条件准备是以一个或多个分项工程或冬雨期施工项目为对象而进行的作业条件准备。

2. 按施工阶段做准备

施工准备按拟建工程的不同施工阶段，可分为开工前的施工准备和各分部分项工程施工前的准备两种。

1）开工前施工准备：是在拟建工程正式开工之前所进行的一切施工准备工作。其目的是为拟建工程正式开工创造必要的施工条件。它既可能是全场性的施工准备，也可能是单位工程施工条件准备。

2）其他施工阶段前的施工准备：是在施工项目开工之后，每个施工阶段正式开工之前所进行的一切施工准备工作。其目的是为施工阶段正式开工创造必要的施工条件。每个施工阶段的施工内容不同，所需要的技术条件、物资条件、组织要求和现场布置等方面也不同，因此在每个施工阶段开工之前，都必须做好相应的施工准备工作。

由此可见，施工准备工作不仅在开工前的准备期进行，它还贯穿于整个过程中，随着工程的进展，在各个分部分项工程施工之前，都要做好施工准备工作。施工准备工作既要有阶段性，又要有连贯性。因此，施工准备工作必须有计划、有步骤、分阶段地进行，它贯穿于整个工程项目建设的始终。

3. 按施工性质和内容准备

施工准备工作按其性质和内容，通常分为技术准备、物资准备、劳动组织准备、施工现场准备和施工场外准备。

每项工程施工准备工作的内容视该工程本身及其具体的条件而异，有的比较简单，有的却十分复杂。如只有一个单项工程的施工项目和包含多个单项工程的群体项目、一般小型项目和规模庞大的大中型项目、新建项目和扩建项目等，都会因工程的特殊需要和特殊条件而对施工准备提出各不相同的具体要求。因此，需根据具体工程的需要和条件，按照施工项目的规划来确定准备工作的内容，并拟订具体的、分阶段的施工准备工作实施计划，才能充分地为施工创造一切必要条件。

三、施工组织内容（表 5-1）

表 5-1　施工组织具体内容

序号	施工组织内容	施工组织具体内容
1	一般工程必需的准备内容	① 有关工程项目特征与要求的资料 ② 施工场地及附近地区自然条件方面的资料 ③ 施工区域的技术经济条件 ④ 社会生活条件
2	建立施工项目组织机构	① 建立拟建工程项目的领导机构 ② 建立精干的施工队伍，劳动组织准备 ③ 组织劳动力进场，对施工队伍进行各种教育 ④ 对施工队伍及工人进行施工组织设计、计划和技术交底 ⑤ 建立健全各项管理制度
3	熟悉各类文件	① 熟悉、审查施工图纸及有关的设计资料 ② 签订工程分包合同 ③ 编制施工组织设计 ④ 编制施工预算
4	施工工作准备	① 建筑材料、物资准备 ② 构配件的加工准备 ③ 机具的准备 ④ 生产工艺设备的准备
5	现场场地准备	① 三通一平 ② 施工场地控制网识别 ③ 临时设施搭设准备 ④ 现场补充勘探 ⑤ 材料、构配件的现场储存、堆放 ⑥ 组织施工机具进场、安装和调试 ⑦ 雨季施工现场准备 ⑧ 消防、安保设施准备

四、施工调查

为做好施工准备工作，除掌握有关施工项目的文件资料外，还应该进行施工项目的实地勘察和调查分析，获得有关数据的第一手资料，这对于编制科学的、先进合理的、切合实际的施工组织设计或施工项目管理实施规划是非常必要的，因此应做好以下方面的调查。

1. 有关工程项目特征与要求的资料调查

1）向建设单位和设计单位了解建设目的、任务、设计意图。

2）弄清设计规模、工程特点。

3）了解生产工艺流程与工艺设备特点及来源。

4）摸清对工程分期、分批施工、配套交付使用的顺序要求，图纸交付的时间，以及工程施工的质量要求和技术难点等。

2. 施工场地及附近地区自然条件方面的资料调查

1）地形和环境条件。

2）地质条件。

3）地震烈度。

4）工程水文地质情况。

5）气候条件。

3. 施工区域的技术经济条件调查

周围地区能为施工利用的房屋类型、面积、结构、位置、使用条件和满足施工需要的程度，附近主副食供应、医疗卫生、商业服务条件、公共交通、邮电条件、消防治安机构的支援能力，这些调查对于在新开拓地区施工特别重要。调查附近地区机关、居民、企业分布状况及作息时间、生活习惯和交通情况。考虑施工时吊装、运输等作业所产生的安全问题，噪声、粉尘、有害气体、垃圾等对周围人们的影响及防护要求，工地内外绿化、文物古迹的保护要求。

1）当地水、电、蒸汽的供应条件。

2）交通运输条件。

3）地方材料供应情况和当地协作条件。

4）社会生活条件。

4. 建设地区社会劳动力和生活设施的调查

1）社会劳动力：当地能支援施工的劳动力数量、技术水平和来源；少数民族地区的风俗、民情、习惯；上述劳动力的生活安排、居住远近。

2）房屋设施：能为施工所使用的现有房屋数量、面积、结构特征、位置、距工地远近；水、暖、电、卫设备情况；上述建筑物的适用情况，能否作为宿舍、食堂、办公室等；须在工地居住的人数。

3）生活条件：当地主、副食品商店，日常生活用品供应，文化、教育设施，消防、治安等机构；供应或满足需要的能力；邻近医疗单位至工地的距离，可能提供服务的情况；周围有无有害气体污染企业和地方疾病。

第二节　建筑装饰工程施工准备工作

施工准备工作从中标后立即进行。首先是与设计单位或部门进行联系，实施技术交底的工作。技术交底工作应该按照管理系统逐级进行，由上而下直到工人班组。交底的方式有书面形式、口头形式和现场示范形式等。队组、工人接受施工组织设计、计划和技术交底后，要组织其成员进行认真的分析研究，弄清关键部位、质量标准、安全措施和操作要领。必要时应该进行示范，并明确任务及做好分工协作，同时建立健全岗位责任制和保证措施。

一、熟悉、审查施工图纸和有关设计资料

1. 熟悉、审查施工图纸

1）了解建设单位和设计单位提供的施工图设计和相关的技术文件。

2）调查、搜集原始资料。

3）了解设计、施工验收规范和有关技术规定。

2. 熟悉、审查设计图纸的目的

1）为了能够按照设计图纸的要求顺利地进行施工，生产出符合设计要求的最终建筑装饰产品。

2）为了能够在拟建工程开工之前，使从事建筑装饰施工技术和经营管理的工程技术人员充分地了解和掌握设计图纸的设计意图以及结构与构造特点的技术要求。

3）通过审查发现设计图纸中存在的问题和错误，使其在施工开始之前改正，为拟建工程的施工提供一份准确、齐全的设计图纸。

3. 熟悉、审查设计图纸的内容

1）审查拟建工程的图纸与现场建筑的结构空间是否一致，以及设计功能和使用要求是否符合有关方面的要求。

2）审查设计图纸是否完整、齐全，以及设计和资料是否符合国家有关工程建设的设计、施工方面的有关规定。

3）审查设计图纸与说明书在内容上是否一致，以及设计图纸与其各组成部分之间有无矛盾和错误。

4）审查建筑总平面图与其他结构图在几何尺寸、坐标、标高、说明等方面是否一致，技术要求是否正确。

5）审查设计图纸和已建工程在地下建筑物或构筑物、管线之间的对接关系。

6）审查设计图纸中的工程复杂、施工难度大和技术要求高的分部分项工程或新结构、新材料、新工艺，检查现有施工技术水平和管理水平能否满足工期和质量要求并采取可行的技术措施加以保证。

7）明确建设期限、分期分批投产或交付使用的顺序和时间，以及工程所用的主要材料、设备的数量、规格、来源和供货日期。

8）明确建设、设计和施工等单位之间的协作、配合关系，以及建设单位可以提供的施工条件。

4. 图纸会审（图 5-2）

施工人员参加图纸会审有两个目的：一是了解设计意图并向设计人员质疑，当设计的图纸不符合国家的建设规范要求时，应本着对工程负责的态度予以指出，并提出修改意见供设计人员参考。二是装饰工程是一个综合性较复杂的项目，有些差错在建筑图、结构图、水暖电管线及设备安装图等施工图的配合设计中很难避免，在会审中，应及时提请设计人员作书面更正或补充。根据经验，图纸会审的重点可放在如下几个方面。

图 5-2　图纸会审

1）施工图纸的设计是否符合国家有关技术规范。

2）图纸及设计说明是否完整、齐全、清楚；图中的尺寸、坐标、轴线、标高、各种管线和道路的交叉连接点是否准确；一套图纸的前、后各图纸是否吻合一致，有无矛盾；地下和地上的设计是否有矛盾。

3）施工单位的技术准备条件能否满足工程设计的有关技术要求；采用新结构、新工艺、新技术，工程的工艺设计及使用的功能要求，对设备安装、管道、动力、电器安装，在要求采取特殊技术措施时，施工单位在技术上有无困难；是否能确保施工质量和施工安全。

4）设计中所选用的各种材料、配件、构件（包括特殊的、新型的），在组织生产供应时，其品种、规格、性能、质量、数量等方面能否满足设计规定的要求。

5）对设计中不明确或有疑问处，请设计人员解释清楚。

6）指出图纸中的其他问题，并提出合理化建议。

会审图纸应有记录，并由参加会审的各单位会签。对会审中提出的问题，必要时，设计单位应提供补充图纸或变更设计通知单，连同会审记录分送给有关单位。这些技术资料应视为施工图的组成部分并与施工图一起归档。

二、编制施工组织设计

施工组织设计是施工准备工作的重要组成部分，也是指导施工现场全部生产活动的技术经济文件。建筑施工生产活动的全过程是非常复杂的物质财富再创造的过程，为了正确处理人与物、主体与辅助、工艺与设备、专业与协作、供应与消耗、生产与储存、使用与维修以及它们在空间布置、时间排列之间的关系，必须根据拟建工程的规模、结构特点和建设单位的要求，在原始资料调查分析的基础上，编制出一份能切实指导该工程全部施工活动的科学方案。

三、编制施工图预算和施工预算

在设计交底和图纸会审的基础上，施工组织设计已被批准，预算部门即可着手编制单位工程施工图预算和施工预算，以确定人工、材料和机械费用的支出，并确定人工数量、材料消耗数量及机械台班使用量。

四、物资准备

施工管理人员需尽早计算出各施工阶段对材料、施工机械、设备、工具等的需用量，并说明供应单位、交货地点、运输方法等，特别是对预制构件，必须尽早从施工图中摘录出构件的规格、质量、品种和数量，制表造册，向预制加工厂订货并确定分批交货清单和交货地点。对大型施工机械及设备要精确计算工作日并确定进场时间，做到进场后立即使用，用毕立即退场，提高机械利用率，节省机械台班费及停留费。

1. 物资准备工作的内容

1）装饰材料的准备。装饰材料的准备主要是根据施工预算进行分析，按照施工进度计划要求，按材料名称、规格、使用时间、材料储备定额和消耗定额进行汇总，编制出材料需要量计划，为组织备料及确定仓库、场地堆放所需的面积和组织运输等提供依据。

2）构（配）件制品的加工准备。根据施工预算提供的构（配）件、制品的名称、规格、质量和消耗量，确定加工方案和供应渠道以及进场后的储存地点和方式，编制出其需要量计划，为组织运输、确定堆场面积等提供依据。

3）机具的准备。根据采用的施工方案，安排施工进度，确定施工机械的类型、数量和进场时间，确定施工机具的供应办法和进场后的存放地点和方式，编制工艺设备需要量计划，为组织运输、确定堆场面积提供依据。

4）生产工艺设备的准备。按照拟建工程生产工艺流程及工艺设备的布置图，提出工艺设备的名称、型号、生产能力和需要量，确定分期分批进场时间和保管方式，编制工艺设备需要量计划，为组织运输、确定场地面积提供依据。

2. 物资准备工作的程序

物资准备工作的程序是做好物资准备的重要手段，通常按如下程序进行。

1）根据施工预算、分部（项）工程施工方法和施工进度的安排，拟定构（配）件及制品、施工机具和工艺设备等物资的需要量计划。

2）根据各种物资需要量计划，组织货源，确定加工、供应地点和供应方式，签订物资供应合同。

3）根据各种物资的需要量计划和合同，拟定运输计划和运输方案。

4）按照施工总平面图的要求，组织物资按计划时间进场，在指定地点、按规定方式进行储存或堆放。

五、施工现场准备

1. 现场"三通一平"

在工程施工的室外部分应保持场地的平整，接通施工临时用水、用电和道路，这项工作简称为"三通一平"（表5-2）。改建、扩建项目施工要做好拆除、加建、加固的准备工作，并及时清运垃圾。

表5-2 现场"三通一平"的具体内容

序号	三通一平	具体内容
1	修通道路（通路）	为了保证建筑材料、机械、设备和构件早日进场，必须保持主要通道及必要的临时性通道的畅通
2	临时用水（通水）	施工现场的通水，包括给水和排水两个方面。施工用水包括生产与生活用水，其布置应按施工总平面图的规划进行安排。施工给水设施应尽量利用永久性给水线路
3	临时用电（通电）	根据各种施工机械用电量及照明用电量，计算选择配电变压器，并与供电部门联系，按建筑施工现场临时用电的规范要求，架设好连接电力干线的工地内外临时供电线路及通信线路
4	平整施工场地	施工现场的平整工作是按建筑总平面图进行的

2. 临时设施搭设

为了施工安全和便于管理，对于指定的施工范围应执行封闭施工。沿街应用围栏围挡起来，围挡的形式和材料应符合所在地部门管理的有关规定和要求。在主要出入口处设置标牌，标明工程名称、施工单位、工地负责人等。各种生产、生活用的临时设施，包括各种仓库、生产作业棚、办公用房、宿舍、食堂、文化生活设施等，均应按批准的施工组织设计规定的数量、标准、面积、位置等要求组织修建。大、中型工程可分批分期修建。

六、其他施工准备

1) 装饰材料和构（配）件大部分都应组织采购，这样准备工作中必须预先确定合格供应商，与有关加工厂、生产单位、供销部门签订供货合同，保证及时供应。这对于施工单位的正常生产是非常重要的。

2) 做好分包工作，由于施工单位本身的力量和施工经验有限，有些专业工程的施工必须实行分包，分包给有关单位施工。这就必须在施工准备工作中，按原始资料调查了解的有关情况，选定合格分包商。根据分包工程的工程量、完成日期、工程质量要求和工程造价等内容，与其签订分包合同，保证按时完成作业。

3) 向主管部门提交开工申请报告，在进行材料、构（配）件及设备的加工订货和进行分包工作、签订分包合同等施工场外准备工作的同时，应该及时填写开工申请报告，并上报主管部门批准。

七、施工准备工作计划

为了落实各项施工准备工作，加强检查和监督，必须根据各项施工准备工作的内容、时间和人员，编制施工准备工作计划。为了加快施工准备工作的进度，必须加强建设单位、设计单位和施工单位之间的协调工作，密切配合，建立健全施工准备工作的责任制度和检查制度，使施工准备工作有领导、有组织、有计划和分期分批地进行。

第三节　建筑装饰工程施工目标定位

合理的施工方案关系到施工进度、施工质量和工程经济效益，因此选择合理的施工方案尤其重要。施工方案应综合考虑各种因素，如施工周期、现场施工条件、人员配备、工程施工要点、施工难点分析及针对性措施等。合理的施工方案能够以最快的时间、最好的工程质量、较好的经济效益完成施工任务。最佳施工方案的选择依据如下。

一、ISO 9001 工程质量目标

ISO 9001 是目前最有效的工程管理制度之一。贯彻企业 ISO 9001 质量体系及国家行业有关标准，确保工程施工每个环节、每道工序都在受控状态下进行，确保工程质量合格。

二、工程进度目标

工程进度目标是根据工程施工的日期要求制订的目标，是完成工程的时间总纲。进度表要依据工程施工的情况确定工程施工总进度计划，确定工程开工及竣工日期，保证在规定工期内按时、保质、圆满地完成施工任务。

三、安全生产目标

安全生产检查是预防安全事故的重要措施，因此必须严格贯彻"安全第一、预防为主"的安全管理方针，切实加强安全教育，落实安全措施，杜绝重大伤亡事故。施工现场安全检查的主要内容包括安全管理、脚手架、"三宝"（安全帽、安全网、安全带）和"四口"（楼梯、电梯口，预留洞口，通道口，阳台、屋面等临边口）防护和施工现场临时用电等（图 5-3、图 5-4）。

图 5-3　安全教育宣传（一）

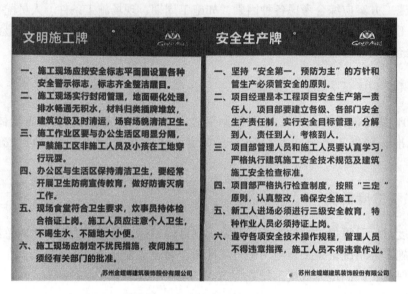

图 5-4　安全教育宣传（二）

四、文明施工工地创建目标

按照国家文明施工管理规定及企业文明施工规定管理整个施工现场，严格遵守工程当地有关环保规定，创建文明施工工地。

五、服务目标

信守合同，密切配合，认真投入，协调各方面的关系，接受业主和监理单位的工程质量、工程进度、计划调整、现场管理和控制的监督。

六、效益管理目标

经济效益是施工管理企业追求的终极目标，合理的预算报价是获得施工中标的基础，企业应该根据本地区实际情况确定合理的经济目标。

第四节　建筑装饰工程施工进度计划的编制

一、施工进度计划

施工进度计划是室内装饰工程施工组织设计的重要组成部分，它是按照施工组织的基本原则，以选中的施工方案在时间和空间上做出安排，达到以最少的人力、财力、物力，保证在合同规定的工期内保质保量地完成施工任务。施工进度计划的编制作用是确定各个工程施工工序的施工顺序及需要的施工延续时间，组织协调各个工序之间的衔接、穿插、平行搭接、协作配合等关系，指导现场施工安排，控制施工进度和确保施工任务的完成。按照业主要求的开工日期进场，按计划组织材料进场，并安排专业班组进场施工，保证在施工过程中做到有计划、有组织，使工程施工自始至终有条不紊地进行，具体计划如下。

1）组建装饰工程项目经理部，负责工程的施工技术、施工质量、进度控制、材料采购、安全生产与文明施工等总体管理。根据工程特点及招标文件的要求，合理安排各工种比例投入和施工流水段划分，做好各分项工程间的配合，这是控制工程进度的关键。

2）工程可以采用水平流水作业、综合立体交叉等方法进行施工，统筹协调好各分部、分项工程的施工，合理安排好各工种的穿插施工，确保工程质量和施工进度，以满足总进度的要求。

3）确定施工总体以哪项工程为主（如顶棚装饰、墙柱饰面、楼地面），主要的作业组安排情况（如抹灰组、龙骨安装组、木工组、油漆组、电工组等），重点控制好各工种施工交叉点及施工节奏，保证各工种按进度计划完成各分项工程。

4）依照施工图纸和设计要求，由专人放线定位，同时请业主或监理确认。

5）根据各空间的不同设计要求，分区分工进行安装，隐蔽工种结束经业主或监理验收合格后方可进入下一道工序施工。

6）地面基层清理的同时，对照图纸放线定位，配合顶棚放线，确定基准水平线，完成后进行成品保护。

二、施工步骤

工程施工按照合同规定的工期、质量和安全要求以及施工条件，在具备开工条件时，由项目部填写"单位工程开工申请报告"，经同意后方可进行施工。施工步骤根据施工项目的具体情况综合考虑各种因素。水、暖通、消防等管线安装工程完工并经验收合格后，开始顶棚吊顶及墙面龙骨安装，电线埋设暗管穿插进行，骨架隐蔽工程验收合格后再进行饰面板施工，最后是油漆涂料饰面和饰件安装。

三、施工进度计划表

编制施工进度计划表，便于掌握和控制施工过程中各工种、工序的进度情况，及时做好人员、工种、工序的安排，更好地为工程施工服务。

四、组织体系的保证措施

1）组建项目经理部，配备有力的领导班子、过硬的施工队伍、足够的技术力量、齐全的机械设备，采用先进合理的技术措施，科学地安排施工进度，保证物资的及时供应，组织好各工种的协调施工。

2）在企业范围内统一协调，确保人、财、物、料各方面的优先。安排技术过硬、素质高、战斗力强的装饰队伍进场施工。同时准备好施工高峰期前来支援的施工人员，从劳动力上加以保证。

3）充分发挥材料、设备集中供应的优势，以确保项目材料、设备能按计划有步骤地组织进场，避免施工中出现材料供应脱节，保证施工顺利进行。

五、劳动力的调配保证措施

1）加强各专业施工队伍的综合管理，协同作战，密切配合，合理搭接，互相协调，加强和有关分项工程间的搭接，缩短作业工期，达到加快进度的目的。

2）集中企业内部各专业优秀操作技术力量，组织进行以质量为主题的技能操作劳动竞赛，以利于加快施工速度，同时又保证了工程的施工质量。

3）劳动力的投入是保证工期的关键，因此当工程的工作面一旦形成，立即有序调集劳动力，并按总进度的控制做好后备劳动力的调集工作。在施工高峰时，视具体情况统一调度机械设备与劳动力。

4）加强工人培训，配备先进工具，改善劳动环境，提高劳动效率。

5）充分利用经济规律及其杠杆作用，有效地调动工人的生产积极性。所有施工人员经济利益按实际进度完成情况进行奖罚兑现。

六、装饰工程施工进度控制措施

施工项目进度控制是指在限定的工期内，将施工进度计划付诸实施，并在施工过程中对是否按照计划实施进行控制，直到工程竣工验收。

1）影响施工进度的因素。施工过程中影响施工进度的因素很多，如：施工条件和天气的变化，工程材料和资金的延误，施工组织方案的变更等。为了能够顺利地完成施工任务，必须对这些因素有充分的认识与准备，以便采取措施，保证工期如期完成。

2）施工进度控制措施。要制订严密的总体形象进度计划，其中包括总体和分部分项进度计划及周、月（季）进度计划，做到计划合理、科学安排，严格落实跟进督导，整体协调，制度统一。在制订综合性总进度计划时，要考虑到设计图纸到位情况，装饰材料供应情况，施工队伍调配及现场交叉作业情况等。要充分发挥企业的协调职能，将各分项的作业计划并入总包计划加以统筹并协调配合。结合施工现场实际进度情况，定期向业主、监理提供报表，以便业主更直接地通过报表来衡量工程进度，有针对性地提出解决办法。紧紧抓住关键线路的工序，确保各关键工作在最迟结束时间交付下道工序，而非关键线路上的工作则应争取尽可能提前至最早开始时间，分流施工，留出更多的劳动力主攻关键工作。精心组织交叉施工，定期组织现场协调会，避免工序脱节造成窝工或工序颠倒造成成品交叉破坏。改革传统装饰工艺，有条件的项目尽量采用场外加工、现场组装的工艺，加速施工进度，确保工程保质按期交付业主使用。

第五节 建筑装饰工程劳动力和材料需要量计划

一、劳动力需要量计划（表5-3）

根据装饰工程的施工特点，配备相应技术等级的技术工人进场施工。在劳动力的安排上，根据工程的施工面积和机械投入，安排施工班组先后进入施工现场并按照合理的施工方法进行施工。按照水平、流水与垂直交叉等结合的方法组织施工，列出施工高峰期所需劳动力计划表、主要材料需要量计划表、主要机具设备配置的数量和使用时间等。

表 5-3 劳动力需要量计划表

序号	工种名称	需用总工日数	需用人数及时间													备 注
			年 月 日			年 月 日			年 月 日			年 月 日			年 月 日		
1	瓦工																
2	混凝土工																
3	钢筋工																
4	架子工																
5	木工																
6	抹灰工																
7	电焊工																
8	电工																
9	起重工																
10	玻璃工																
11	防水工																
12	管工																
13	普工																

二、主要材料需要量和进场时间计划（表 5-4、表 5-5）

表 5-4 主要材料需要量和进场时间计划表

序号	材料名称	规格	需用量		需用时间								备 注
			单位	数量	年 月 日			年 月 日			年 月 日		
1													
2													
3													
4													
5													
6													
7													

表 5-5 构件和半成品需用量计划表

序号	品 名	规格	图号	需用量		使用部位	拟进场日期	备 注
				单位	数量			
1								
2								
3								
4								
5								
6								
7								

三、主要机具设备配置计划（表 5-6）

"工欲善其事，必先利其器"，先进的施工机具设备是提高施工效率、缩短施工工期、保证施工质量的重要条件。工程质量的好坏、进度的保证很大程度上与施工机械的先进性有关。针对工程实际情况和各工种、工序的需要，合理地配备先进的机械设备及挑选专业水平较高的技术操作人员，最大限度地体现技术的先进性和机械设备的适用性，充分满足施工工艺的需要，从而来保证工程质量和装饰效果。室内装饰工程配备机械设备时，应该遵循以下原则。

1）机械化、半机械化和改良机具相结合的方针，重点配备中、小型机械和手持电动机具。

2）充分发挥现场所有机械设备的能力，根据具体变化的需求，合理调整装备结构。

3）先配备工程施工中所必需的、保证质量与进度的、代替劳动强度大的、作业条件差的和配套的机械设备。

4）针对工程体系、专业施工和工程实物量等多层次结构进行配备，并针对不同的要求配备不同类型、不同标准的机械设备，以保证质量为原则，努力降低施工成本。

表 5-6　主要施工机具需用量计划表

序号	机具名称	机具型号	需用量		供应来源	使用起止时间	备　注
			单位	数量			
1							
2							
3							
4							
5							
6							
7							

检验配备机械设备的状况：

1）运行安全性。机械设备在使用过程中具有对施工安全的保障性能。

2）技术先进性。机械设备技术性能优越、生产率高。

3）使用可靠性。机械设备在使用过程中能稳定地保持其应有的技术性能，安全可靠地运行。

4）适应性。机械设备能适应不同工作条件，并具有一定的多用性能。

5）经济实惠性。机械设备在满足技术要求和生产要求的基础上，达到最低费用。

6）便于维修性。机械设备要便于检查、维护和修理。

7）其他方面：成套性、节能性、环保性和灵活性等。

【基础练习题】

1. 什么是施工组织设计？

2. 施工组织设计的编制依据是什么？

3. 室内装饰工程最佳施工方案选择的依据是什么？

4. 什么是施工项目进度控制？

5. 影响施工进度的因素有哪些？

6. 施工进度控制措施有哪些？

【实训练习题】

选择一套施工图，编制装饰工程项目施工实施计划。

第六章 建筑装饰工程施工管理实务

第一节 工种和材料调度

装饰现场管理是装饰施工企业生产经营活动的基础，也是装饰施工企业创造经济效益的根本；现场施工的管理，更是我们进一步降低成本、提高经济效益、增强市场竞争力的关键。要做好建筑装饰工程的现场施工管理，进一步提高经济效益，要从如下几个方面入手。

一、工种调度

装饰工程是一项十分细致的工作，需要熟练运用各类施工技术，并充分调度各专业工种之间的协调配合，才能向发包方交付一项满意的工程。受当今社会经济高速发展的影响，人们对于建筑装饰工程的要求不再仅限于对基本使用功能的满足，还要求达到较高的质量、安全、进度及文明施工标准，最好再兼具一定的文化内涵，这就给建筑装饰施工的现场管理与协调带来了一定的难度。

针对各分项工程的施工特点和相互联系，应合理调配各个施工作业队之间的对接，使施工顺利进行下去，消除停工、杜绝窝工的现象。比如，当电工布线管时，木工不方便进行顶棚及隔墙的施工，但可以安排木工制作基层龙骨类的施工，以免相互争场地出现窝工现象；当某些工程项目上下工序不能同时交叉进行时，可适当集中力量做上道工序，完成一段就移交一段；当一些工程受场地制约，无法集中太多人员施工时，则可在保证重点工程顺利施工的同时，安排另一部分人员去做辅助工程。

总之，合理调度安排各施工工种专业人员进行装饰施工，以达到和保证各工种专业人员不间断、按顺序从一个项目转移到另一个项目进行装饰施工。

二、材料调度

1. 根据材料计划表并结合工程进度计划表确定材料的品种、数量及进工地时间

装饰施工期间，管理者要对各工种材料库存量材料等登记清楚，并计划出未来数天内对材料的需求量，及时给予调供，禁止装饰施工出现停工待料现象。另外还要注意保持工地整洁，切勿将材料在现场乱置，以避免工地空间变狭小而影响施工进度。严格控制材料进场时间，对进场的所有材料设置材料库房进行暂时保管，施工材料的发放以"当天用料、当天发放"为根本原则。

2. 堆放位置应事先安排，切勿任意堆放以致影响工期和材料的管理

堆放材料时应注意：杜绝对装饰施工的材料进行反复搬迁，以免损材费工；要求将装饰施工材料分类堆放，便于使用；易燃、易爆物品，要求分开地点堆放，以保证安全；易碎、易潮、易污的材料，应注意堆放方法并采取保护措施，以免造成损耗；马上用的材料进入工地时应直接放置在工作面上，以免造成二次搬运的浪费。管理者在施工中需

防止施工人员随意浪费材料，主要抓好两个方面的工作：一是抓好下料的设计，二是抓好剩余材料的使用。

3. 妥善安全地加强对装饰施工机具的管理

工地仓库要求实行施工机具领用登记制度，实行"谁领用、谁保管、谁负责"的原则，从而杜绝出现不正常的损坏和遗失。调度好施工机具的使用，避免一些机具闲置，以提高施工机具的使用率，同时还须加强对施工机具的保养，在使用前应认真仔细地检查机具，使用过程中若发生故障应及时排除。装饰工程完毕，应立即安排专人对施工机具进行清理、保养，之后方可收回仓库进行保管。

第二节　现场施工作业计划

一、装饰施工程序

根据装饰工程的具体情况采用合理的施工方案。处理不同的装饰空间采用综合小组分片分区进行流水作业，施工应以先顶后墙再地、先安装后油漆等为原则，如图 6-1 所示为卫生间装饰施工程序。

二、装饰施工网络图

装饰施工网络图是将施工程序以图表的形式展示出来的一种作业计划图。通过施工网络图可以清晰地展示各项施工工程的安排情况，以便于施工现场指挥、管理。如图 6-2 所示为双代号网络施工示意图。

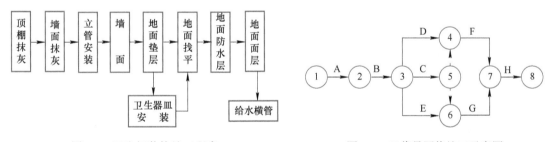

图 6-1　卫生间装饰施工程序　　　　　图 6-2　双代号网络施工示意图

三、主要的装饰施工工艺及方法

1）装饰工地上的所有施工人员上岗前必须进行培训。

2）特殊工种，如电工、电焊工、架子工等操作工必须经专业培训，持证上岗。

3）建筑装饰施工前，要求做到"技术交底表""安全交底表""预防措施表"等发放给班组负责人，同时在工地的宣传栏进行张贴，目的是要求每个工人都能清楚（表 6-1 ～表 6-3）。

4）装饰施工过程中，必须坚持重点部位施工单位技术员不得离现场，质量检查员必须每天检查，当天施工工作面的质量如果出现问题，必须及时解决，严格执行工程中的质量控制程序，做好隐蔽记录和报验工作，并对其参数进行连续追踪检查和检测。

表 6-1 纸面石膏板技术交底表

▌工程名称：		▌项目经理：
▌交底部位：	▌施工员：	▌质量员：

▌交底内容：

一、开始施工的条件

　　主体结构已经完工，外墙封闭、无漏水现象，现场清理干净；吊顶方案及综合布点已经业主最终确认；专项施工方案已经业主及监理签认、审批；顶棚内其他施工单位的隐蔽工程已基本施工完毕，施工现场水平标高线已统一，经过仔细的现场放线后准备施工。

二、施工的工艺顺序、和前后工序的搭接关系

　　墙上弹标高线→确定风口、灯具位置→确定吊杆位置及排布→吊杆安装→主龙骨安装→副龙骨安装→横撑龙骨安装→石膏板安装。

三、常规的施工工艺（施工依据、技术要领）

　　1. 墙上弹标高线：根据设计标高，在四周墙面、柱面弹标高线，误差不得超过 2mm。

　　2. 确定风口、灯具位置：在地面确定风口、检修孔、灯具等的位置并弹线。

　　3. 确定吊杆位置及排布：①在地面确定竖龙骨的间距和位置，不得与风口、灯具干涉。②不得与预应力钢筋相干涉。③吊杆间距不得大于 800mm，吊杆距主龙骨端头不得大于 300mm。④弹垂直相交线确定吊杆的位置。

　　4. 吊杆安装：①将确定的位置用吊线反射到顶棚上并标记。②用电锤打孔，孔的深度控制在 60~70mm。③安装吊杆，膨胀管不得高出楼面，螺母后有垫圈，螺母必须拧紧。

　　5. 主龙骨安装：用吊挂件安装主龙骨，相临主龙骨的接头应错开。

　　6. 副龙骨安装：①安装边龙骨，不得用木龙骨代替轻钢边龙骨。②安装副龙骨，间距一般为 300mm，副龙骨、挂件应与主龙骨扣紧，接头应错开。③标高一致、跨度超过 12m 的石膏板顶棚，必须留伸缩缝；垂直于副龙骨的伸缩缝，应增加主龙骨，切断副龙骨，缝两边增加支撑龙骨；平行于副龙骨的伸缩缝，在伸缩缝两边增加副龙骨。

　　7. 横撑龙骨安装：①横撑龙骨根据副龙骨的净间距确定长度，安装应与副龙骨平齐，间距 600mm。②加固孔洞。

　　8. 校平：①龙骨安装完成，检查校平，起拱高度根据跨度控制在房间跨度的 1/200~1/300。②调平后锁紧主吊件的螺母。

　　9. 石膏板安装：①石膏板的封边垂直副龙骨与石膏板间留 5mm 缝，边沿不得相挤；横向接缝应错开。②接缝不得在洞口的直角处，隔墙两面的接缝不得在同一龙骨上。③单层石膏板用 $\phi 5 \times 25mm$ 的自攻螺钉、间距 150mm，顶头沉入纸面 0.5~1mm，距边缘 10~15mm。④钉子应先从石膏板的中间开始安装，依次向四周。

四、特殊的施工工艺（有别于常规施工要求的或采用"三新"的）

　　□按小样　　　　□制作小样　　　　□按说明书

五、隐蔽（中途）验收的质量标准（编号和页码）

　　《建筑装饰装修工程质量验收标准》（GB 50210—2018）暗龙骨吊顶工程分项。

六、工序验收

　　1. 方法和检查人：□自检，由＿＿＿＿＿＿负责；□交接检，由＿＿＿＿＿＿负责；□专职检，由＿＿＿＿＿＿负责。

　　2. 质量标准（编号和页码）：《建筑装饰装修工程质量验收标准》（GB 50210—2018）暗龙骨吊顶工程分项。

　　　　允许偏差和检验方法：见附件。

七、本工序的预防措施

　　见附件（质量通病）。

八、成品保护

　　见附件。

▌A/B 类班组负责人：	▌现场班组长：	▌交底日期：　　　年　　月　　日

表 6-2　墙面石材安装交底表

▍工程名称：		▍项目经理：
▍交底部位：	▍施工员：	▍质量员：

▍**交底内容：**

一、开始施工的条件

施工现场清理干净；墙面设计方案已经业主最终确认；专项施工方案已经业主及监理签认、审批；墙面内隐蔽工程已基本施工完毕且已经协调好交叉施工顺序，施工现场水平标高线已统一，经过仔细的现场放线后准备施工。

二、施工的工艺顺序、前后工序的搭接关系

1. 薄形小规格板材（厚度 10mm 以下、边长小于 400mm）湿作业法：检查并清理基层→吊垂直、套方、找规矩，贴灰饼、抹底层砂浆→分格弹线→石材刷防护剂→排版→镶贴石板→表面勾（擦）缝。

2. 普通大规格板材（边长大于 400mm）湿作业法：施工准备（饰面板钻孔、剔槽）→预留孔洞套割→板材浸湿、晾干→穿铜丝与板块固定→固定钢筋网→吊垂直、套方、找规矩、弹线→石材刷防护剂→分层安装板材→分层灌浆→饰面板擦（嵌）缝。

3. 干挂法施工：结构尺寸检验→清理结构表面→结构上弹线→水平龙骨开孔→固定骨架→检查水平龙骨开孔→骨架及焊接部位防腐→饰面板开槽、预留孔洞套割→排版，支底层板托架→放置底层板并调节位置，临时固定→水平龙骨上安装连接件→石材与连接件连接→调整前后、左右及垂直→加胶并拧紧螺栓固定。

三、常规的施工工艺（施工依据、技术要领）

见附件。

四、特殊的施工工艺（有别于常规施工要求的或采用"三新"的）

□按小样　　　　□制作小样　　　　□按说明书

五、隐蔽（中途）验收的质量标准（编号和页码）

《建筑装饰装修工程质量验收标准》（**GB 50210—2018**）饰面板安装工程分项。

六、工序验收

1. 方法和检查人：□自检，由 _____ 负责；□交接检，由 _____ 负责；□专职检，由 _____ 负责。

2. 质量标准（编号和页码）：《建筑装饰装修工程质量验收标准》（**GB 50210—2018**）饰面板安装工程分项。

　　　允许偏差和检验方法：见附件。

七、本工序的预防措施

1. 大理石在验货时要注意坑点不大于 2mm×2mm，数量在 1～2 个以下；花岗岩的色斑不大于 2mm×2mm，数量在 1～2 个以下。

2. 在出石材排版图时，要了解一下石材板尺寸，尽可能地减少损耗，如果损耗太大，应及时调整设计方案（地面石材不得大于 800mm×800mm）。

3. 石材踢脚线施工前，墙面要凿进去 2cm。石材铺贴完成后，必须清缝、嵌缝。

八、成品保护

见附件。

▍A/B 类班组负责人：	▍现场班组长：	▍交底日期：　　年　　月　　日

表 6-3　轻钢龙骨隔墙工艺标准交底表

▌工程名称：		▌项目经理：
▌交底部位：	▌施工员：	▌质量员：

▌交底内容：

　　轻钢龙骨隔墙工艺标准具体注意事项图解。

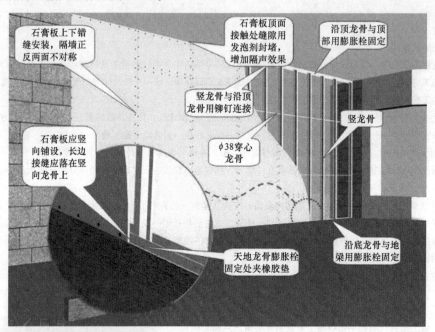

石膏板上下错缝安装，隔墙正反两面不对称

石膏板顶面接触处缝隙用发泡剂封堵，增加隔声效果

沿顶龙骨与顶部用膨胀栓固定

竖龙骨与沿顶龙骨用铆钉连接

竖龙骨

石膏板应竖向铺设，长边接缝应落在竖向龙骨上

$\phi 38$ 穿心龙骨

天地龙骨膨胀栓固定处夹橡胶垫

沿底龙骨与地梁用膨胀栓固定

　　隔墙膨胀螺栓不允许直接砸入墙体，在砸入一半后用扳手上紧，U 型卡位置可加 3 根以上钢钉固定。

▌A/B 类班组负责人：	▌现场班组长：	▌交底日期：　　年　　月　　日

第三节　施工任务书和调度

贯彻施工作业计划的有力手段是抓好施工任务书的管理和生产调度工作。

一、施工任务书的内容和作用

施工任务书是向施工班组贯彻施工作业计划的有效形式，也是施工企业实行定额管理、贯彻按劳分配、实行班组经济核算的主要依据。通过施工任务书结合小组记工单和限额领料卡等生产记录单，可以把企业生产、技术、质量、安全、成本等各项经济指标分解为小组指标落实到班组和个人，使施工企业的各项指标的完成与班组、个人的日常工作和利益紧密联系在一起，达到按时、保质完成施工任务的目标。

1）施工任务书的形式很多，一般包括下列内容：项目名称、工程量、劳动定额、计划工数、开竣工日期、质量及安全要求等。

2）小组记工单是班组的考勤记录，也是班组分配计件工资或奖励工资的依据。

3）限额领料卡是班组完成任务所必需的材料限额，是班组领退材料和节约材料的凭证。

二、施工任务书的管理

1. 签发

1）工长根据施工作业计划，负责填写施工任务书中的执行单位、单位工程名称、分项工程名称、计划工作量、质量及安全要求等。

2）定额员根据劳动定额填写定额编号、时间定额，并计算所需工日。

3）材料员根据材料消耗定额或施工预算填写限额领料卡。

4）施工任务书由施工队长审批并签发。

2. 执行

施工任务书签发以后，技术员会同工长负责向班组进行技术、质量、安全等方面的交底。班组组织工人讨论，制订完成任务的措施。在施工过程中，各管理部门要努力为班组创造条件，班组考勤员和材料员及时准确地记录用工用料情况，分别填写小组记工单和限额领料卡。

3. 验收

班组完成任务后，施工部组织相关人员进行验收。工长负责验收完成工程量；质量员负责评定工程质量和安全并签署意见；材料员核定领料情况并签署意见；定额员将验收后的施工任务书回收登记，并计算实际完成定额的百分比，交劳资部门作为班组计件结算的依据。

三、施工现场的调度工作

施工现场的调度工作是落实作业计划的一个有力措施，通过调度工作，可及时解决施工中已发生的各种问题，并预防可能发生的问题。另外，通过调度工作也可以对作业计划中不准确的地方进行补充和调整。

1）调度工作的主要内容：督促检查施工准备工作；检查和调节劳动力和物资供应工作；检查和调节现场平面管理；检查和处理总分包协作配合关系；掌握气象、供电、供水情况；及时发现施工过程中的各种故障，调节生产中的薄弱环节。

2）调度工作的方法：调度工作要做到准确及时、严肃、果断；调度工作，关键在于深入现场掌握第一手资料，细致地了解各个施工具体环节，针对问题研究对策，及时调度。

3）调度工作的原则：一般工作服从于重点工程和竣工工程；交用期限迟的工作服从交用期限早的工程；小型或结构简单的工程服从大型或结构复杂的工程。

4）除了危及工程质量和安全的行为应当机立断随时纠正外，其他方面的问题一般采用班组会议进行解决。调度工作是建立在施工作业计划和施工组织设计的基础上的，调度部门无权改变作业计划的内容。

第四节　施工现场的场容管理

施工现场的场容管理可体现出施工企业的形象和管理水平，是企业综合管理水平的反映。创建文明工地、实施标准化管理是促进和提升工程管理水平的必要手段。

一、文明工地创建

文明施工是施工企业综合管理水平的体现，也是现代化企业管理的基本要求，同时也是展现企业管理的窗口。因此施工企业必须加强施工现场场容、场貌管理，倡导文明施工，搞好工地建设，树立良好的企业形象。

1）严格执行国家、省市建设委员会、建筑工程管理局、建设工会委员会关于建筑业开展创建文明工地活动的相关文件和规定。

2）施工现场的布置严格按施工现场平面布置图进行，满足业主要求和工程施工的需要，做到布局合理、秩序井然。

3）施工现场必须有醒目的图牌公示，即工程概况、工程项目负责人名单、创工程质量合格和施工现场标准化管理、工程环保、安全生产纪律、安全生产天数计数、防火须知、施工现场平面布置图等。标牌的制作、挂置必须符合标准，现场必须指定卫生负责人，明确职责，严格按照工地文明的有关规定进行施工。

4）施工现场材料堆放整齐、有序，并建立醒目的标志。现场原材料、构件、机具设备要按指定区域堆放整齐，保持道路畅通。作业场所要做到"落手清"。建筑垃圾及时归堆、外运，严禁随意抛掷。建筑污水必须通过管道集中向下排放。做到作业面无积存垃圾、无积存废水、无散落材料。

5）成立由项目经理任组长的创建文明工地领导小组，做到责任到人、职责分明。

6）施工人员进入工地应佩戴胸卡、安全帽。现场施工人员要自觉维护施工秩序，并接受工作小组的管理，认真履行职责。

7）合理安排施工工序，工作面完成后要做好产品保护。

8）自觉遵守现场的各项规章制度，服从业主的统一管理。

9）待人文明礼貌，不说脏话、粗话，言行检点，确保不发生任何打架斗殴事件。

10）严格按规范、规章操作，杜绝野蛮施工。

11）爱护公共财物，共创文明工地。施工现场经常保证完整、整洁。实现工地门前"三包"，确保门前墙外无垃圾、无建筑材料、无污水。

二、环境卫生管理措施

加强施工现场环境卫生管理，确保工地整洁如新。

1）建立、健全施工现场环境卫生管理制度，采取控制粉尘、有毒有害气体扩散的措施等。

2）施工现场严禁焚烧和乱抛垃圾。建筑垃圾和生活垃圾应严格区分堆放。

3）操作时做到"落手清"，工作完成后扫清场地。

4）多工种交叉作业时，应注意上下工序的配合，不得任意扔掷工具、材料，以免伤人、破坏环境。

5）设置专用的临时吸烟室和卫生间，严禁在施工现场吸烟和随地大小便。

6）现场设置垃圾桶，指定垃圾堆放处，集中堆放垃圾并坚持每天清运。

7）在创建工地良好环境卫生的同时，要加强对工地周围环境的保护，防止损坏公共绿地、花木事件的发生。

三、噪声管理措施

1）为防治工程施工的噪声污染，自觉遵守国家环境保护局有关建筑施工噪声管理的规定，严格控制施工设备的施工噪声和晚上 10 点后的加班赶工，避免或减少施工噪声带来的扰民现象，必要时提前 5 个工作日向相关部门提出申请，经报批后提前 3d 在工地周围贴告示，告知周围居民。

2）如果工程位于市中心繁华地段和居民集中地段，运输材料尽量安排在深夜，且不得鸣喇叭，以防噪声影响居民休息。

四、安全检查管理

1）安全施工与检查。各工作小组成员应遵守工程建设安全生产的有关管理规定，严格按照安全标准组织施工，并随时接受行业安全检查人员依法实施的监督和检查。

2）做好安全防护工作。工作小组成员在动力设备、输电线路、地下管道、密封防震车间、易燃易爆地段以及临街交通要道附近施工时，施工开始前应向监理工程师提出安全防护措施，经认可后实施。实施爆破作业，在放射、毒害性环境中施工（含储存、运输、使用）及使用毒害性、腐蚀性物品施工时，工作小组成员应在施工前 2 周以书面形式通知监理工程师，并提出相应的安全防护措施，经认可后实施。

3）事故处理要及时。在发生重大伤亡及其他安全事故时，第一是救人，其次是按有关规定立即上报有关部门，并及时通知相关人员，同时按政府有关部门的要求处理事故。

4）施工作业区内各种材料堆放整齐，并配有标明材料的品种、规格和受检状态等内容的标志牌。油漆及其他化学品、易燃易爆物品必须存放在危险品仓库内，不得放在一般人易接触的工作区域内。每天下班前打扫工作区域，做到收工"脚边清"，建筑垃圾堆放整齐。木工作业区或室内木制品区或其他易燃品堆放处，每 $50m^2$ 必须设置灭火器两只，置于配备的移动式消防箱内。在每只 100A 电箱旁边也必须设置干粉灭火器。

5) 在施工区域进行电焊、气割工作，严格实行动火审批手续，由动火人填写动火单，项目部施工员实行动火安全交底，现场监理审批，如无现场监理审批时须征得业主同意由项目经理审批，动火期间还必须现场悬挂经审批的动火单，并有项目部安全员在现场实行监督，且现场配备必要的灭火器械。施工临时用电箱必须是一机一闸、一漏一箱，电箱完好，安放位置稳妥得当，临时电线严禁拖地，必须架设 2.4m 以上，电线接头或破皮必须严密包扎。

6) 小型机械设备必须安放稳妥得当，传动装置部位防护罩完好，并在各种操作设备附近悬挂或架设其相应的操作规程牌，木工机械严禁一机多用。

7) 电动工具不得随意接长电源线和更换插头，严禁采用多用插座插线板方式接长电源线。

8) 遇"四口"（楼梯口、电梯井口、预留洞口、通道口）和临边（阳台边、楼板边、屋面边）必须有可靠严密的防护（可用钢管栏杆，上杆高 1.2m，下杆高 0.5m）。

9) 施工现场必须悬挂适量的安全宣传牌，如"严禁吸烟""按规定戴好安全帽"等，还应配置警示牌、指示牌，如"小心洞口""安全出口""小便处"，以及现场平面布置图（逃生路线、消防器材）等。

五、施工现场标准化管理办法

根据企业贯标要求，将施工现场的标准化管理作为一项重要的工作来实施，全面推行标准化管理工作。

1) 工作人员着装：施工现场工作人员的着装体现着企业的管理和形象。施工现场管理人员应穿戴企业统一的工作服，胸挂标明其姓名和职务的工卡。特殊工作人员（主要指电工作业、金属焊接工作、脚手架工作的人员）和不同职务的管理人员头戴相关职务和颜色的安全帽，胸挂标明其姓名和职务的工卡，以便明确责任，便于管理。

2) 工地办公室、仓库等管理要求：工地办公室、仓库等工作间门口必须有相应的指示牌。办公室内办公桌统一，用具摆放整齐，墙面布置表牌清晰，即工程概况牌、管理人员名单牌及监督电话号码、消防保卫制度牌、安全生产责任牌、文明施工管理牌、卫生值日表、施工进度表等。在工地现场还应有"工程岗位责任牌"，即项目经理、施工员、质量员、材料员、安全员、资料员等人员的岗位职责。另外，现场办公室内要设有保健药箱和常用的急救药品。

第五节　施工日志和工程施工记录

施工日志也叫施工日记，是对建筑工程整个施工阶段的施工组织管理、施工技术等有关施工活动和现场情况变化的真实的综合性记录，也是处理施工问题的备忘录和总结施工管理经验的基本素材，是工程交竣工验收资料的重要组成部分。施工日志可按单位、分部工程或施工工区（班组）建立，由专人负责收集、填写和保管。

施工日志主要内容包括：日期、天气、气温、工程名称、施工部位、施工内容、应用的主要工艺；人员、材料、机械到场及运行情况；材料消耗记录、施工进展情况记录；施工是否正常；外界环境、地质变化情况；有无意外停工；有无质量问题存在；施工安全情况；监理到场及对工程认证和签字情况；有无上级或监理指令及整改情况等。记录人员要签字，主管领导定期阅签。

一、填写施工日志的要求

1）施工日志应按单位工程填写。

2）记录时间从开工到竣工验收时止。

3）逐日记载，不许中断。

4）按时、真实、详细记录，中途发生人员变动应当办理交接手续，保持施工日志的连续性、完整性。

二、施工日志填写内容

1）当日施工内容及实际完成情况。

2）施工现场有关会议的主要内容。

3）有关领导、主管部门或各种检查组对工程施工技术、质量、安全方面的检查意见和决定。

4）建设单位、监理单位对工程施工提出的技术、质量要求和意见，以及采纳实施情况。

三、施工日志检验内容

1）隐蔽工程验收情况：应写明隐蔽的内容、楼层、轴线、分项工程、验收人员、验收结论等。

2）试块制作情况：应写明试块名称、楼层、轴线和试块组数。

3）材料进场、送检情况：应写明批号、数量、生产厂家以及进场材料的验收情况，以后补上送检后的检验结果。

四、施工日志检查内容

1）质量检查情况：当日混凝土浇筑及成型、钢筋安装及焊接、砖砌体、模板安拆、抹灰、屋面工程、楼地面工程、装饰工程等的质量检查和处理记录；混凝土养护记录，砂浆、混凝土外加剂掺用量；质量事故原因及处理方法，质量事故处理后的效果验证。

2）安全检查情况及安全隐患处理（纠正）情况。

3）其他检查情况，如文明施工及场容场貌管理情况等。

五、施工日志其他内容

1）设计变更、技术核定通知及执行情况。

2）施工任务交底、技术交底、安全技术交底情况。

3）停电、停水、停工情况。

4）施工机械故障及处理情况。

5）冬雨季施工准备及措施执行情况。

6）施工中涉及的特殊措施和施工方法，新技术、新材料的推广使用情况。

六、施工日志注意细节

1）书写时一定要字迹工整、清晰，最好用仿宋体或正楷字书写。

2）当日的主要施工内容一定要与施工部位相对应。

3）养护记录要详细，应包括养护部位、养护方法、养护次数、养护人员和养护结果等。

4）焊接记录也要详细记录，应包括焊接部位、焊接方式（电弧焊、电渣压力焊、搭接双面焊、搭接单面焊等）、焊接电流、焊条（剂）牌号及规格、焊接人员、焊接数量、检查结果、检查人员等。

5）其他检查记录一定要具体详细，不能泛泛而谈。检查记录记得很详细还可代替施工记录。

6）停水、停电一定要记录清楚起止时间，停水、停电时正在进行什么工作，是否造成损失。

第六节　施工专项方案设计

某酒店客房层装修工程 ——钢架隔墙专项方案。

一、项目概况（表6-4）

表　6-4

工 程 名 称	某酒店客房层装修工程
工程位置	天津市和平区南京路
建设单位	天津×××开发有限公司
建筑设计单位	×××建筑设计研究院
建筑装饰设计单位	×××设计公司
建筑消防设计单位	×××建筑设计研究院
监理单位	天津×××工程建设监理公司
总包单位	×××建设工程股份有限公司
建筑总层数	53层，其中：地下5层，地上48层
本工程的建筑分类	B区酒店塔楼为一类高层公共建筑；耐火等级：地上一级、地下一级
施工范围	11～26F客房部分，装饰工程和机电工程
工程造价	合同价为5234.2万元

二、编制依据（表6-5）

表　6-5

序　号	名　　称
1	建设单位设计导则
2	建设单位质量验收标准
3	《建筑装饰装修工程质量验收标准》（GB 50210—2018）
4	《冷拔异型钢管》（GB/T 3094—2012）
5	《住宅装饰装修工程施工规范》（GB 50327—2001）

三、施工部署

天津某酒店 11～26F 客房隔墙部分，现场干区的客房间分户墙、房间与走道间分户墙、客房内隔墙均为轻钢龙骨隔墙；湿区卫生间及沐浴、盥洗室部分墙体为镀锌矩形管龙骨隔墙。其中客房间分户墙、客房与走道间分户墙有隔声要求，客房内隔墙无隔声要求。隔墙分布图如图 6-3 所示。

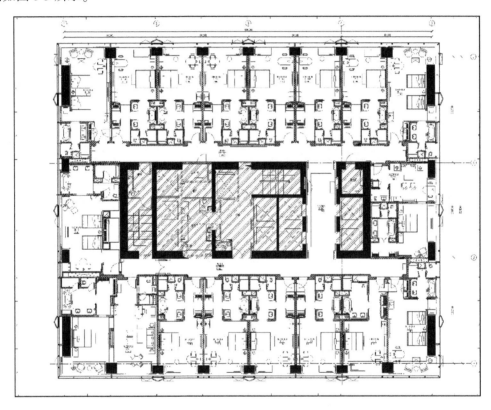

图 6-3　隔墙分布图

四、施工准备（表 6-6～表 6-8）

表　6-6

序号	材料名称	序号	材料名称
1	40mm×60mm 镀锌方管	9	60kg/m³ 隔声棉
2	40mm×40mm 镀锌方管	10	12mm 埃特板
3	20mm×40mm 镀锌方管	11	6mm 埃特板
4	∟50 镀锌角钢	12	35mm 钻尾螺钉
5	5mm 厚橡胶减震垫	13	50mm 钻尾螺钉
6	M8 膨胀螺栓	14	水泥
7	石膏粉	15	螺帽
8	100kg/m³ 隔声棉	16	焊条

表 6-7

序号	材料类别	材料注意事项
1	钢材	根据《冷拔异型钢管》的规定：20mm×40mm方管壁厚为2.5mm、3mm、3.5mm、4mm；40mm×40mm方管壁厚为2.5mm、3mm、3.5mm、4mm、5mm、6mm；40mm×60mm方管壁厚为3.5mm、4.5mm。结合设计说明及图纸要求，我公司采用20mm×40mm镀锌方管壁厚为3mm，40mm×40mm镀锌钢管壁厚为4mm，40mm×60mm镀锌方管壁厚为4mm
2	隔声棉	根据建设单位设计导则及声学报告要求，客房间分户墙隔声需达到STC 54（& FSTC 48），客房与走道间隔墙隔声需达到STC 54（& FSTC 48）。根据图纸要求，我们选择的隔声棉规格为：轻钢龙骨隔墙内满填75mm厚60kg/m³岩棉，钢架隔墙内根据隔墙内空间填充40mm厚60kg/m³岩棉以及60mm厚60kg/m³岩棉，卫生间马桶背面因本项目水箱为暗藏入墙式水箱，因此此墙面钢架内填充40mm厚100kg/m³岩棉

表 6-8

序号	机具名称	序号	机具名称
1	电动无齿锯	9	小水桶
2	手电钻	10	笤帚
3	激光扫平仪	11	冲击钻
4	线坠	12	锤子
5	靠尺	13	錾子
6	钢丝刷	14	批刀
7	软毛刷	15	电焊机
8	墨斗		

五、施工工艺

1. 地面清理

现场混凝土导墙浇筑完成后，将现场清理干净，确保导墙上口清洁、无积尘，不影响后续放线定位。将混凝土导墙浇筑时地面植筋丝杆上口美纹纸清除，便于后期隔墙天地龙骨（钢架）安装时拧螺钉固定（图6-4）。

图6-4 地面清理

2. 钢架龙骨放线定位

现场清理完成后，将一次放线预留在顶面及墙面的控制线引到地面，并在导墙上口弹出钢架龙骨隔墙线。因为施工区域为客房部分，且同类户型尺寸相同，因此根据主控线对每间房间内净尺寸进行复核，确保整体尺寸一样，误差控制在2mm以内（图6-5）。

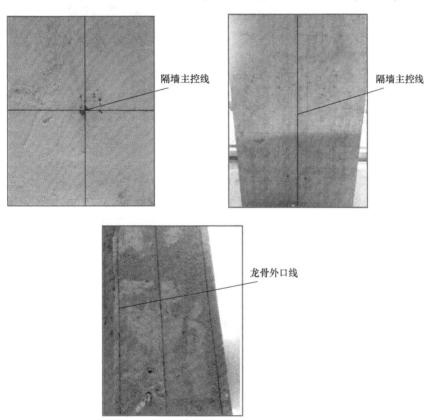

隔墙主控线

隔墙主控线

龙骨外口线

图6-5　放线定位

3. 天地龙骨（钢架）及减震垫安装

此项目钢架隔墙天地龙骨使用40mm×40mm镀锌方管制作，便于螺钉固定。根据现场隔墙龙骨（钢架）线安装天地龙骨（钢架）及减震垫，天地龙骨（钢架）外口严格按照龙骨线进行安装，避免偏差。地面龙骨（钢架）及减震垫根据导墙内植筋间距提前打孔，地龙骨（钢架）安装后前期取少量固定点临时固定，天龙骨（钢架）安装时可将减震垫使用钢钉或透明胶布临时固定在龙骨（钢架）上以利于施工（图6-6）。

4. 天地龙骨（钢架）净尺寸复核检查

根据严格控制房间内净尺寸相同的原则，对已安装完成的天地龙骨（钢架）进行尺寸复核，对于误差大于2mm以上的部分进行调整，调整后进行复查，确认尺寸无误后进行天地龙骨固定。根据GB 50327—2001的规定，天地龙骨固定点间距应不大于1m。对现场需增加固定点位置增加固定点。

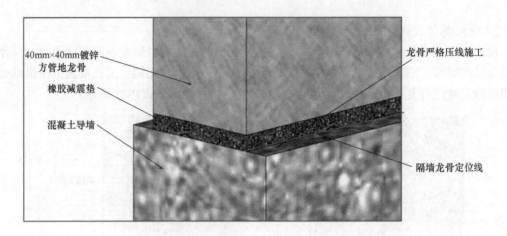

图 6-6   龙骨及减震垫安装

5. 竖向龙骨（钢架）安装（机电点位定位）

现场天地龙骨（钢架）安装完成并验收合格后，开始安装竖向龙骨（图 6-7），根据 GB 50327—2001 规定：安装竖向龙骨应垂直，龙骨间距应符合设计要求，潮湿房间和钢板网抹灰墙间距不宜大于 400mm。此项目钢架部分隔墙主要为卫生间湿区隔墙。

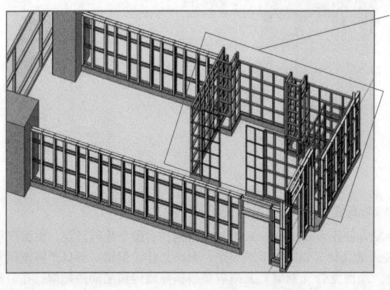

图 6-7   竖向龙骨安装

6. 龙骨检查

封板前对竖向龙骨进行检查，龙骨的立面垂直偏差≤3mm，表面不平整≤2mm，龙骨未经过检查验收合格不得安装面板。

7. 单层埃特板封板

1）埃特板宜竖向铺设，长边接缝应安装在竖龙骨上。

2）龙骨两侧的板材及龙骨一侧的板材的接缝应该错开，不得在同一根竖龙骨上接缝。

3）钢架龙骨应用钻尾螺钉固定，沿板周边钉间距不得大于 200mm，板中钉间距不得大于 300mm，螺钉与板边距离应为 10～15mm（图 6-8）。

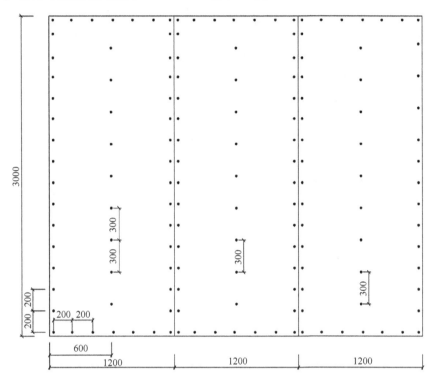

图 6-8　板材安装

4）安装板材时应从板的中部向板的四边固定，钉头要略埋入板内，但不得损坏板面。钉眼应进行防锈处理。

5）板材的接缝应按设计要求进行板缝处理，板材与周围墙或柱应留 3mm 的槽口，以便进行防开裂处理。

6）板材周边与墙柱交界处应用腻子粉满填，确保隔声效果。

埃特板封板：螺钉间距板边 200mm；螺钉间距板中 300mm；螺钉离楔形板边 10mm；螺钉离直角板边 15～20mm；钉帽离板面 0.5～1mm。

8. 机电铺管及附墙设备检查

机电铺管时应避免破坏竖向龙骨以及横向龙骨，此项目隔墙钢架有机电管线部位由 40mm×60mm 镀锌方管更换为 20mm×40mm 镀锌方管。

9. 填满吸音棉

吸音棉填充前，应在已封板材上钉上枪钉，作为吸音棉填充时固定用，可避免吸音棉松动脱落。建设单位设计导则要求隔墙隔声系数要达到 STC54，要求隔墙内轻钢龙骨分户墙所使用隔音棉为 60kg/m³，卫生间马桶背面隔墙使用隔音棉为 100kg/m³。隔音棉填充要密实，无明显接缝。

10. 隐蔽验收

待机电管线安装完成，隔音棉填充完成后，项目部应组织自检，自检合格后邀请业主及监理进行现场检查，检查合格并出具验收报告后进行另一侧板封板。

11. 另一侧板封板

1）埃特板宜为竖向铺设，长边接缝应安装在竖龙骨上（图6-9）。

2）龙骨两侧的板材及龙骨一侧的板材的接缝应该错开，不得在同一根竖龙骨上接缝。

3）钢架龙骨应用钻尾螺钉固定，沿板周边钉间距不得大于200mm，板中钉间距不得大于300mm，螺钉与板边距离应为10~15mm。

4）安装板材时应从板的中部向板的四边固定，钉头要略埋入板内，但不得损坏板面。钉眼应进行防锈处理。

5）板材的接缝应按设计要求进行板缝处理，板材与周围墙或柱应留3mm的槽口，以便进行防开裂处理。

6）板材周边与墙柱交界处应用腻子粉满填，增加隔声效果。

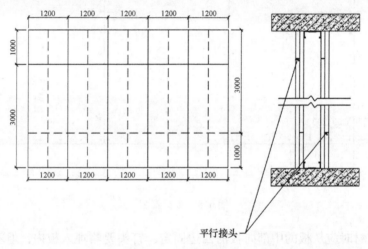

图6-9 平行接头

12. 质量验收

封板结束后项目部组织验收，待验收合格后开展下道工序施工。

【基础练习题】

1. 装饰现场施工管理实务包含哪些内容？

2. 什么是施工任务书？

3. 什么是施工现场调度工作？

4. 施工现场场容管理包括哪些内容？

5. 什么是施工日志？如何做好施工日志的记录？

6. 施工现场标准化管理有哪些内容？

7. 如何做好施工现场卫生管理？

【实训练习题】

1. 在实习工地上完成一篇施工日志的记录。

2. 以影像（照片或DV等）方式对某施工项目做完整记录，并做一套完整的装饰施工专项方案设计。

第七章　建筑装饰工程质量管理

第一节　建筑装饰工程质量管理基本内容

一、质量和施工质量管理的基本概念

我国国家标准 GB/T 19000—2016 中关于质量的定义是：一组固有特性满足要求的程度。该定义可理解为：质量不仅是指产品的质量，也可以是某项活动或过程的工作质量，还可以是质量管理活动体系运行的质量。质量的关注点是一组固有特性，而不是赋予的特性。质量是满足要求的程度，要求是指明示的、隐含的或必须履行的需要和期望。质量要求是动态的、发展的和相对的。

施工质量是指建设工程项目施工活动及其产品的质量，即通过施工使工程满足业主（顾客）需要并符合国家法律、法规、技术规范标准、设计文件及合同规定的要求，包括在安全、使用功能、耐久性、环境保护等方面所有明确和隐含需要能力的特性综合。其质量特性主要体现在建筑工程的适用性、安全性、耐久性、可靠性、经济性及与环境的协调性六个方面。

二、建筑装饰工程质量管理概述

对一个建筑装饰工程来讲，管理人员的素质是第一重要的，项目经理、材料员、施工员、财务缺一不可，在装饰工程的管理中同样有着重要的作用。他们的素质决定了装饰工程施工的每一个细节，关系着质量控制点的（管理）力度，同样也就决定了工程质量的优劣。

建筑装饰工程施工管理的重点是要做好"质量、进度、成本、安全"的控制和"合同信息"的管理。具体就是要做好计划和组织工作，并将其列成表、归好类，在施工过程中不断跟踪（依据工序流程对节点进行控制，按照三检原则）记录、检验、及时调整。建筑装饰工程质量管理必须明确质量目标和职责，各级管理者对目标的实现负有责任，应使工程达到国家规定的相关规范要求和相关企业标准。

1. 装饰工程的现场施工管理

1）技术管理。

2）材料管理。

3）施工管理。

4）施工机具管理。

5）资料管理。

6）成品保护。

7）施工安全。

2. 装饰装修工程施工过程中质量管理
1）装饰装修工程中的质量管理。
2）施工过程中技术资料和工程质量的检查管理。
3）工程施工人员质量管理。
4）工程施工工序质量管理。

三、影响建筑装饰工程质量的因素

1. 开发商质量意识淡薄

《建筑装饰装修工程质量验收标准》（GB 50210—2018）及相关法律法规和技术规范、标准的颁布实施，明确了建筑装饰施工企业在工程技术、质量管理中的操作程序和规范。但是有的开发商仓促上马，主要负责人专业知识不足，建筑装饰工程的管理部门临时组合，力量薄弱，素质不高；由于开发商不懂得建筑装饰工程监理的重要性和必要性，不愿意聘请专业监理公司来监理建筑装饰工程项目；有的开发商急功近利，短期行为的思想严重，质量意识淡薄，没有把质量管理放在应有的位置上；另外还有的过分依赖建筑装饰施工企业，自己又不深入现场发现问题、纠正问题，实际上使建筑装饰工程质量处于放任自由的状态；有的开发商经营思想不端正，对经济效益和社会效益理解片面，单纯追求经济效益，甚至不惜以降低质量标准来追求利润的最大化。

2. 施工单位资质差，施工管理人员素质低

由于国家基本建设规模加大和商品房开发量加大，建筑装饰施工企业急速膨胀，普遍存在着良莠不齐的现象。有些建筑装饰施工单位无论是技术、管理、设备、人员等都不能满足施工需要；还有的本身就是皮包公司或挂靠公司，他们凭借着一些不正当手段揽到了开发项目，但他们难以创造出高质量的装饰工程；一些设计、施工单位经营思想不正，利用自己的名义大量转包开发项目，有的项目甚至是多次转包分包或者被分解得七零八落；有的施工单位人员波动大，队伍稳定性差，有的以包代管、有的以包拒管，导致技术力量和工程质量都滑坡。

这些施工企业和施工技术人员由于法律意识淡薄，法制观念弱化，在施工活动中违反相关规范和操作规程，不按图施工，不按顺序施工，技术措施不当，甚至偷工减料，由此造成建筑装饰工程质量低劣，质量事故不断发生。

3. 监理单位监督管理不到位

个别监理单位为了寻求经济效益挂靠一等资质承接监理业务，项目监理机构的人员资格、配备不符合要求，存在监理人员无证上岗的现象；现场监理质量控制体系不健全，监理人员对材料、构配件、设备投入使用或安装前未进行严格审查，没有严格执行见证取样制度，甚至对隐蔽工程没有进行有效的监理；有的项目监理机构甚至未按规定程序组织检验批、分项、分部工程的质量验收，就进入下道工序施工。有些工程违反法定建设程序，未办理相应手续就盲目开工建设；有些工程层层转包，企业资质审查不严；有些工程施工图纸未经审查即开始施工，边施工边设计，盲目追求施工进度，留下很多质量隐患。

验收作为工程质量的较后一道关口，最初由政府监管部门把关，但随着政府职能的转变，实行竣工验收备案制后，建筑装饰工程质量由业主负责，开发企业在验收过程中处于主导地位，一些质量监督部门监督不力，部分工程质量监督中存在不廉洁行为，一些地方质量

监督部门的工作人员收受开发商或装饰施工单位的利益以后，循私舞弊，竣工验收并没有发挥其应有的作用，许多地方的劣质装饰工程或危房甚至被评定为优良工程或合格工程，直接加剧了质量下滑趋势。

4. 原材料质量控制不到位

一些建筑装饰施工企业为了省工钱、赶进度，为了追求利益，对原材料的质量控制不到位，一是以次充好，二是偷工减料。这些做法直接导致给国家和人民带来了严重的财产损失。

四、建筑装饰工程质量管理的发展沿革

1. 质量检验阶段

起源于 20 世纪 20 ~ 30 年代，这个时期的质量管理主要是事后把关检查，在大量的产品中剔除出废品。

2. 统计质量管理阶段

起始于二次世界大战初期，是在质量控制图的基础上运用数理统计的方法使质量控制数量化和科学化。它的主要目标是保证所有工序生产出的产品质量特征值尽可能等于或接近期望值，提高生产过程的工序能力，它的主要特点就是充分体现了现代控制理论的过程预防原则。

3. 全面质量管理阶段

起始于 20 世纪 50 年代末、60 年代初。它的基本管理思想就是把专业技术、经营管理、数理统计和思想教育结合起来，建立起工程的研究设计、施工建设、售后服务等一整套质量保证体系，提供满足用户需要的产品或服务的全部活动。

第二节 建筑装饰工程质量管理、监控与评定

建筑装饰工程质量检查的内容包括：抹灰工程、吊顶工程、轻质隔墙工程、饰面板（砖）工程、楼地面铺装工程、玻璃工程、细部工程、裱糊与软包工程、涂饰工程、配套工程等，另外涉及装饰工程的门窗、幕墙分部工程的质量检查也应列入检查范围。

质量管理工作是一项复杂的系统工程，它关系到整个施工过程中人、财、物管理的各个方面。有了技术标准之外，还必须有管理措施作为保证，确保施工质量。为了确保优良目标的实现，要紧紧围绕目标建立施工质量保障体系和相关制度。

一、建立质量管理制度

1）建立健全技术质量岗位责任制度。实施施工质量项目经理负责制度，实施各分项工程部门经理、技术负责人对工程质量直接负责机制，并纳入所在地方质量监督部门的管理范围。

2）建立奖罚制度。实行质量一票否决权。

3）建立质量自检制度。施工人员应认真做好质量自检、互检及工序交接检查，做好施工岗位责任记录。

4）建立样板先行制度。在进行大面积同种材料或数量较多的空间模式（如宾馆客房）

的施工前，应先做出一个样板（样板房），通过制作来研究施工工艺的可行性。

5）建立隐蔽工程验收制度。所有隐蔽性工程必须进行检查验收，检验合格后才能"封面"。隐蔽工程中，上道工序未经检查验收，下道工序不得施工。隐蔽工程检查验收应由工地施工负责人认真填写隐蔽工程验收单并归档。

6）建立巡查制度。质检员全天候巡视现场，每天下班前对工地当天工程全部巡视一次，发现问题马上协助本班组长及时解决，填好现场问题整改卡，在下班后交给班长，并做好笔记。

二、建立质量监控体系

1）配备专职质量负责人和质量员，各分项项目部要设专（兼）职质量检查员，协助项目经理进行日常质量管理，配合相关地方质量监督部门的检查。

2）根据工程项目施工的特点，确定质量控制重点、难点，严格加以控制。

3）对施工的项目要进行分析，找出可能或易于出现的质量问题，提出应变对策，制订预防措施，事先进行施工控制。

4）在进行技术、质量的交底工作时，要充分了解工程技术要求，必须以书面签证的形式进行确认，项目经理必须组织项目部全体人员对图纸进行认真学习，由项目经理牵头，组织全体人员认真学习施工方案，并进行技术、质量、安全书面交底，列出监控部位及监控要点。

三、工序交接验收及质量评定

1）分项工程施工完毕后，各分管工种负责人必须及时组织班组进行分项工程质量评定工作，并填写分项工程质量评定表，交项目经理确认，最终评定表由工程部专职质量检查员核定。

2）项目经理要组织施工班组之间的质量互检，并进行质量讲评。

3）工程项目部质量员对每个项目要进行不定期抽样检查，发现问题以书面形式发出限期整改指令单，项目生产经理负责在指定限期内将整改后情况以书面形式反馈到技术质量管理部门。

4）施工过程中，不同工种、工序、班组之间应进行交接检验，每道工序完成后，由技术质量负责人组织上道工序施工班组及下道工序施工班组，进行交接检验，并做好检验记录，由双方签字。凡不合格的项目由原施工操作班组进行整改或返工，直到合格为止。

5）加强工程质量的验收工作，对在检查中发现的违反施工程序、规范、规程的现象，质量不合格的项目和事故苗头等应逐项记录，同时及时研究制订出处理措施。

第三节　材料采购、验收、保管管理措施

建筑装饰材料多种多样，其质量在很大程度上决定了工程的质量。在装饰工程中，材料的质量尤为重要。对施工中用量大、性能要求高、直接影响工程质量的材料、构件，必须进行严格的检查、检测及试验工作，特别要重视材料的表面质量、环保质量和物理结构质量。

因此，检查材料质量是保障工程质量、降低成本的一项不可缺少的工作，检查的结果应记入施工记录。

建筑装饰工程项目中最常用的装饰材料检验应按相关质量标准进行，主要有：胶合板质量标准、硬质纤维板质量标准、刨花板质量标准、细木工板质量要求、木地板与水泥木屑板质量要求、花岗石质量标准、大理石板质量标准、水磨石板质量标准、建筑玻璃制品质量标准、白色陶瓷釉面砖质量标准、彩色釉面砖质量标准、陶瓷釉面砖质量标准、聚氯乙烯壁纸质量标准、装饰墙布外观质量标准、浮法玻璃产品标准、普通平板玻璃质量标准、钢化玻璃与夹丝玻璃外观质量标准、中空玻璃与玻璃马赛克质量标准、轻钢龙骨质量标准、石膏板质量标准。

材料质量验收应有专人负责，质检员、材料员、施工员负责常规材料感观效果和物理性能等方面的检验，如木材饰面材料的纹理、色彩等；技术负责人负责对一些技术方面有特殊要求的材料进行检测，如水泥砂浆、高强螺栓的试验。在材料验收以后要填写材料检测报告，由项目经理、技术负责人签认后方可使用。

对材料的质量控制应该是多方面和多层次的。

一、材料采购时的质量控制

1）应寻找技术可靠、信誉良好，并经论证的合格供应商作为材料供应的合作伙伴。

2）材料应符合国家的相关标准，证照齐全，特别要注意合格证、测试报告及环保审批报告之类的证照是否齐全。

3）材料的采购要以一定规格样品进行采样，在确定保证质量的情况下方可大宗采购。

4）在可能的情况下，材料的表面效果要得到设计人员的认同以后才可以进行采购。

二、装饰材料的质量验收

1）材料、半成品的外观验收包括材料的规格尺寸、产品合格证、产品性能检测报告等。

2）一些外协"部件"在专业工厂加工过程中应有专业人员进行监控，例如木线、饰面板、花岗岩、彩釉玻璃、铝合金线条等。

3）对大批量的罩面材料要严格监控，注意批次的批号、规格、外观纹理、色差、纹样等，还要注意是否有划伤或损坏等。

4）对外购件进行监控，如零部件是否有缺损、运输过程中是否有损坏等。

三、技术要求高的材料要进行技术检验和破坏性试验

1）水泥、砂浆试制作要做养护及复试。

2）大负荷、高强螺栓由专业部门做抗拉拔试验。

3）钢材质量及性能检测。

4）材料的防火性能检测。

5）材料的环保性能检测。

6）木材含水量的检测等。

四、材料的保管

1）对购入的材料和半成品、成品应设置专门的仓库，由专人保管、发放，需要防水、防污的材料按要求分类堆放，妥善保管。

2）对易碎的材料要有保护措施，如石材堆放，要用枕木放于地上，小心碰角；石膏板、木板堆放，要架高地面，以防水、防潮；复合铝板要堆放整齐，防止挤压变形。

3）制作一定的货架和木箱，用于存放规格繁多的小件物品和呈圆球等形状的小单件物品，易于寻找。

4）对在仓库中存储的各种材料必须加强保管和维护。针对不同的材料，采取相应的存储措施，如分别考虑温度、湿度、防尘、通风等因素，并采取防潮、防锈、防腐、防火、防霉等一系列措施，保护不同材料，避免材料损坏。

5）仓库管理要有严密的制度，定期组织检查和维护，发现问题及时处理，并要注意仓库保安、防火工作。油漆等易燃易爆产品尽量减少库存，并要单独分开存放并配备相应的消防设施及消防应急预案。

第四节　建筑装饰工程施工过程质量控制

一、装饰测量放线

1）施工人员施工前，施工技术人员与放样工应在现场进行实地测量放样（图7-1），依据设计图纸用墨线划出装修物的位置，核对现场与图纸标注有无误差，经技术人员勘察无误后，方可进行施工。如实际尺寸与图纸设计有误差，应通过业主与设计师联系，及时做出处理，不得擅自变更设计尺寸。

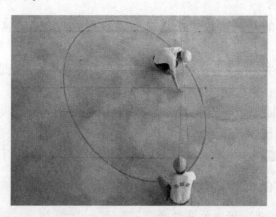

图 7-1　施工技术人员与放样工在现场进行实地测量放样

2）在每个层面测设 +50cm 或 +100cm 的标高线，并在墙上弹出墨线，作为室内装修的标高基准，测量误差为 ±3mm。找准中心点并在中心划十字线，做好顶面装饰面分割大样并现场放线，提供场内施工基准和场外预制分割尺寸、图形。

3）地面放样点钉以钢钉作为放样确认点，墙、顶面以油漆标记。

二、电气施工

1. 室内配线工程

室内配线应符合安全、可靠、经济、方便、美观的原则，并按设计要求合理施工。

1）所用导线的额定电压应大于线路的工作电压，导线的绝缘强度应符合线路的敷设方式和环境。导线的截面积应能满足供电和机械强度的要求。

2）敷设导线时应尽量避免接头。若必须接头时，应尽量压接或焊接。

3）导线连接和分支处，不应受机械作用。导线与设备端子连接时要牢靠。

4）穿在管内的导线或电缆在任何情况下都不能接头，必须接头时可把接头放在接线盒、灯头盒或开关盒内。

5）各种明配线应横平竖直。

6）导线穿墙时加保护管，过墙管两端出墙面不小于10mm，过长会影响美观。

7）导线沿墙和顶棚敷设时，导线与建筑物之间的最小距离不小于5mm。通过伸缩缝时，导线敷设应有松弛。对线管配线应设补偿盒以适应伸缩。

8）当导线相互交叉又距离较近时，应在每根导线上套塑料管，并将套管加以固定，以防短路。

9）室内电器线与其他管道间应保持一定距离，宜不小于100mm。

2. 施工程序

1）根据平面图、详图等，确定电器安装位置、导线的敷设路径及导线过墙和楼板的位置。

2）在抹灰前，应将全部的固定点打孔、埋好支持件，最好配合土建做好预埋与预留工作。

3）装饰绝缘支持物、线夹、支架或保护管等。

4）敷设导线。

5）安装灯具与电器设备、元器件。

6）测试导线绝缘并连接。

7）校验、试通电。

3. 钢管配线

1）钢管选择。钢管的种类和规格根据环境来选择。明配于潮湿场所和暗配于地下的管子，采用厚壁管。明配或暗配于干燥场所的采用薄壁管。管子规格应根据管内所穿导线根数和截面的大小进行选择，一般要求管内导线的总截面积（含外层）不应大于管子截面积的40%。对设计有要求的按照设计要求选择管子种类和规格。所用管子不能有裂缝、压扁、堵塞、严重锈蚀等现象。

2）钢管加工。钢管加工包括刮口、除锈、刷漆、切割、套丝、弯曲等。

① 除锈涂漆：内管采用圆形钢丝刷除锈，外管用钢丝刷除锈（或采用电动除锈）。除锈后将管子的内外表面涂上防锈漆。钢管外壁刷漆的要求是：埋入混凝土内的钢管不刷防腐漆，埋入土层的钢管刷两道沥青（使用镀锌钢管不必刷漆），埋入砖墙内的钢管刷红丹漆。钢管明敷时，刷一道防腐漆、一道灰漆。电线管已刷防腐油漆，只需在管子焊接部位处补漆。

② 切割、套丝。配管时，按实际长度切割管子，切割采用割刀、钢锯，严禁气割。管子连接处在端部套丝，套丝后将管口毛刺用锉刀刮口，以免毛刺划破导线绝缘层。

③ 弯曲。管子的弯曲半径，明配时不小于管外径的 6 倍，暗配时不小于管外径的 10 倍。

3）钢管的连接。不管是明敷设还是暗敷设，钢管间均采用管箍连接，而不可直接电焊连接，连接步骤如下。

① 把要连接部位端部套丝，并在丝扣上涂铅油、缠麻丝或生料带。

② 把要连接的管中心对正插入到套管内，两管反向拧紧，并使管端吻合。

③ 满焊套管两端的四周。

④ 用圆钢或扁铁作接地跨接线焊在管箍的两端，焊接长度不可小于接地线截面的 6 倍，使管子间有良好的电气连接，保证接地可靠。

4）钢管敷设。配管从电箱开始，逐段到用电元件处，配管有暗配和明配两种情况。

① 暗配。在现浇混凝土内配钢管，先用钢丝把钢管绑在混凝土中的钢筋上，在管子下部用垫块垫起 15~20mm。配管在混凝土浇筑前完成。钢管配在砖墙内时，先在墙上留槽或开槽，在砖缝内打入木楔，用钢丝把管子绑牢，用钉子钉在木楔上。管子离墙表面净距离不小于 15mm。管子在顶棚内，应逐段设立吊筋，用管卡将线管固定，不得依附于其他物件上。管子在轻钢龙骨隔墙内，可用钢丝将管子与轻钢龙骨相固定。钢管中间卡的最大距离 $\phi15~\phi20$ 时为 1.5m，$\phi25~\phi32$ 时为 2m。管子在敷设完后，用木塞或专用堵件将管口堵上。当钢管走到伸缩缝或沉降缝时，应设补偿盒。

② 明配。明配管各固定点间距均匀，应沿建筑物结构表面横平竖直地敷设，其允许偏差在 2m 管长以内均为 3mm，全长的偏差不应超过管子内径的 1/2。当管子沿着柱、墙、屋架等处敷设时，可用管卡固定。管卡用膨胀螺栓直接固定在墙上，也可先在墙柱上固定金属支架，再用管卡子把管子固定在支架上。

5）钢管穿线。穿线时，应先穿钢带线（直径 1.6mm 的钢丝）作为牵引线，在钢丝上绑扎导线穿线。拉线时应二人操作，一人送线，一人拉线，不可生拉硬扯，二人应协调一致。当拉到一点不动时，可用锤子敲打钢管或二人来回拉动线后再往前拉。穿线时，不同回路（除同类照明的几个回路）、不同电压（除均在 65V 以下的电压）以及交流与直流的导线不得穿于同一管内。钢管与设备连接时可将钢管直接敷设到设备内，如不能直接进入，可用金属软管连接至设备接线盒内。金属软管与设备连接盒用软管连接。穿线后即可把导线与已安装的配电箱、用电设备、元器件进行连接。

4. 灯具安装

1）灯具安装前应检查其配件是否齐全，外观有无破损、变形及镀层脱落等，并应测试绝缘是否良好。

2）灯具安装位置及高度应符合设计要求。设计未注明的，室外灯具一般不低于 3m，室内灯具不低于 2.4m，壁灯一般为 1.8~2.2m。

3）灯具的选用应根据使用功能和使用环境确定。

4）灯具质量在 1kg 以下者可直接用软线吊装，灯具质量在 1kg 以上者应采用吊链吊装，3kg 以上者应固定在预埋的吊钩或螺栓上。

5）固定灯具的螺钉或螺栓不少于两个。在砖墙上装设的灯具用预埋螺栓、膨胀螺栓或预埋木砖固定，不得用木楔代替。

6）灯具配线应符合规范要求，且色标区分明显。

7）当灯具外壳有接地要求时，应当用接地螺栓与接地线连接。

8）当灯具安装在易燃部位或木吊顶内时，要做好防火处理，在周围结构物上刷防火涂料。

9）同一室内有多套灯具时应排列整齐且符合设计要求，灯位线要统一弹线，必要时增加尺寸调节板。

5. 开关、插座的安装

开关和插座的安装应便于操作、维修。

1）各种开关、插座应安装牢固，位置准确，高度一致。安装扳把式开关时，一般向上为"合"，向下为"断"。

2）除设计另有要求外，开关、插座的安装位置规定如下。

① 扳把式开关距地高度为 1.2~1.5m，距门框水平净距为 0.15~0.3m。

② 拉线开关距地面高度为 2.2~3m，距门框水平净距为 0.15~0.3m。

③ 明装插座距地面高度为 1.8m，暗装插座距地面高度为 0.3m。

④ 不同电流种类或电压等级的插座安装在一起时，应有明显标志加以区别，且插头与插座造型要有区别，以免插错。

⑤ 同一场所的开关、插座成排安装时，高低差应不大于1mm，分开安装时高低差不大于5mm。

⑥ 插座开关接线时导线分色应统一、正确。严格做到开关控制相线，插座右极接相线，左极接零线，接地线在上方。

6. 照明配电箱的安装

照明配电箱选择和安装应符合设计要求。

1）导线引出板面处均应套绝缘管。

2）配电箱的垂直偏差不应小于 1.5/1000。暗装配电箱的板面四周边缘应紧贴墙面。

3）各回路均有标志牌，标明回路的名称和用途。若有不同种类或不同电压等级的配电设备装在同一箱体内时应有明显的区分标志。

4）配电箱的安装高度宜在 1.2~1.5m 之间为好，箱内工作零线与保护接地线应严格区分。

5）配电箱内部接线截面应符合规范要求。

三、室内给水、排水管道安装

1. 给水管道施工

1）室内给水管道系统管材应符合设计要求。

2）给水管道必须采用与管材相适应的管件。生活给水系统所涉及的材料必须满足饮用水卫生标准要求。

3）给水引入管与排水排出管的水平净距不得小于1m。室内给水管和排水管平行敷设时，两管间最小水平净距不小于 0.5m；交叉敷设时，给水管应敷设在排水管上方，垂直净距不得少于 0.15m。若给水管必须敷设在排水管的下面时，给水管应加套管，其长度不小于排水管管径的 3 倍。

4）管道穿越结构伸缩缝、抗震缝及沉降缝敷设时，应根据情况采取下列保护措施。

① 在墙体两侧采取柔性连接。

② 在管道或保温层外皮上、下部留有不小于 150mm 的净空；在穿墙处做成方形补偿器，水平安装。

③ 明管成排安装时，直线部分应互相平行。曲线部分：当管道水平或垂直并行时，应与直线部分保持等距；管道水平上下并行时，弯管部分的曲率半径应一致。

5）管道支、吊、托架的安装，应符合下列规定。

① 位置正确，埋设应平整牢固。

② 固定支架与管道接触应紧密，固定应牢靠。

③ 滑动支架应灵活，滑托与滑槽间应留有 3~5mm 的间隙，并留有一定的偏移量。

④ 无热伸长管道的吊架、吊杆应垂直安装。

⑤ 有热伸长管道的吊架、吊杆应向热膨胀的反方向偏移。

⑥ 固定在建筑结构上的管道支架不得影响结构的安全。

6）管道穿过墙壁和楼板，应设置金属或塑料套管。安装在楼板内的套管，其顶部应高出装饰地面 20mm，卫生间内其顶部高出装饰地面 50mm，底部应与楼板相平；安装在墙壁内的套管其两端与饰面相平。穿过楼板的套管与管道之间缝隙应用油麻和防水膏填实，表面光滑。穿墙套管应用阻燃物填实并且表面光滑。管道接口不得设在套管内。给水立管和装有 3 个或 3 个以上配水点的支管始端，均应安装可拆卸的连接件。

2. 安装工艺

1）安装准备

① 认真熟悉图纸，根据施工方案确定的施工方法和技术交底的具体措施做好准备工作。参阅有关设备图，核对各种管道的坐标、标高是否交叉，管道排列所用空间是否合理，若有问题及时与有关设计人员研究解决，办好变更签单记录。

② 根据施工图备料，并在施工前按设计要求检验材料设备的规格、型号、质量等是否符合要求。

③ 了解室内给水排水管道与室外管道的连接位置，穿越建筑物的位置、标高及做法，管道穿越基础、墙壁和楼板时，做好预留洞和预埋件。

④ 按设计要求的坡度，放好水平管道坡度线，以便管道安装，确保安装质量符合设计坡度的要求。

2）预制加工。按设计图纸画出管道分路、管径、变径、预留口、阀门等位置的施工草图，在实际安装的位置做上标记，按标记分段量出实际安装的准确尺寸，标注在施工草图上，然后按草图的尺寸预制加工，如断管、套丝、上管件、调直等。

3）给水支管安装

① 支管明装：将预制好的支管从立管甩口依次逐段进行安装，有截门的应将截门盖卸下再安装。核定不同卫生器具的冷、热水预留口高度、位置是否正确，找坡找正后固定支管卡件，上好临时丝堵。支管如有水表，先装上连接管，试压后在交工前拆下连接管，换装上水表。

② 支管暗装：横支管暗装于墙槽中时，应把立管上的三通口向墙外拧偏一个适当角度，

当横支管安装好后，再推动横支管使立管三通转回原位，横支管即可进入管槽中。找平找正定位后用勾钉固定。

③ 给水支管的安装一般先做到卫生器具的进水阀处，以下管段待卫生器具安装到位后再进行连接。

3. 管道试压

通过试压检查管道和附件安装的严密性是否符合设计和施工验收规范。

4. 给水系统冲洗

采用洁净水冲洗。管道冲洗合格后，将水排尽。若为生活饮用水管，应用含有 20 ~ 30mg/L 游离氯的水浸泡 24h，进行消毒，再用饮用水冲洗，经有关部门化验合格才能使用。

5. 排水管道施工

1）安装准备。根据设计图纸及技术交底情况，检查、校对预留孔洞大小、管道坐标及标高是否正确。对部分管段按测绘草图进行管道预制加工，编好号码待安装使用。

2）底层排水横管及器具支管安装。底层排水横管一般是直埋敷设或以吊架、托架敷设于地下室顶棚或地沟内。底层排水横管直接敷设时，开挖地面沟槽略低于管底标高，以安装好的排出管斜三通上的45°弯头承口内侧为基准，将预制好的管段按照承口朝来水方向，按顺序排列，找好位置、坡度和标高，以及各预留口的方向和中心线，将承接口相连，并进行管口密封。敷设好的管道进行灌水试验，水满后观察水位是否下降，各接口及管子有无渗漏，经有关人员检验，办理隐蔽工程验收手续。再将各预留管口临时封堵，做好填堵预留孔、洞，并回填细土100mm以上。

3）托、吊管道安装。安装在顶棚内的排水管根据设计要求制作好托、吊架。按设计要求坡度栽好吊卡、量准吊筋长度，对好立管预留口、首层卫生器具的排水预留管口，同时按室内地坪线、轴线尺寸接至规定高度。按图纸检查已安装好的管路标高，预留口方向确认无误后，即可进行灌水试验，合格后办理隐检手续。

4）底层器具支管的安装。所有支管均应实测下料长度，其中：

① 蹲便器的支管应用承口短管，接至地面上10mm。瓷存水弯时短管中心距后墙为420mm。

② 洗脸盆、洗涤盆等的支管应用承口短管，做到与地相平，短管中心与后墙的距离为80mm。

③ 地漏安装后算面应低于地面20mm，清扫口（地面式）表面应与地接平。

四、轻钢龙骨纸面石膏板吊顶

1）吊顶基层必须有足够的强度。清除顶棚及周围的障碍物。吊顶内的通风、水电管道等隐蔽工程应安装完毕，消防系统安装并试压完毕。吊顶龙骨在安装运输时，不得扔摔、碰撞。龙骨应平放，防止变形。表面应平整，边缘应整齐，色泽应统一。

2）依据顶棚设计标高，沿墙面四周弹线，作为顶棚安装的标准线，其水平允许偏差在±5mm内，并确定沿边龙骨的安装位置，将沿边龙骨固定在四周墙上。

3）在顶部画出吊杆位置线，按吊顶龙骨的分格尺寸划出若干条横竖相交的线，作为固定吊杆的固定点，用内膨胀螺栓将吊杆牢固固定在顶棚上，吊杆采用 ϕ8mm 全螺纹吊杆。吊点间距不超过1200mm，上人顶棚为900mm。当吊杆与顶面设备、管道相遇时，应调整吊点位置，增设吊杆。

4）将吊件固定在吊杆下方，根据边龙骨高度拉线，复核调整吊件高度到合适位置。

5）将承载龙骨一端放在沿边龙骨上，用吊件将承载龙骨挂起，用螺钉固定。承载龙骨连接，用主龙骨连接件连接加长。承载主龙骨间距一般为 900～1200mm，中间部位应起拱，起拱高度应不小于房间短向跨度的 1/200，主龙骨安装后应及时校正其位置与标高。轻型灯具应吊在主龙骨或附加龙骨上，重型灯具或其他装饰件不得与吊顶龙骨连结，应另设吊钩。

6）覆面龙骨垂直于承载龙骨布置，通过覆面龙骨挂件固定在承载龙骨上，覆面龙骨间距一般为 400mm，在潮湿环境下，以 300mm 为宜。覆面龙骨靠墙端，可卡入边龙骨。覆面龙骨接长用覆面龙骨连接件，注意将每根覆面龙骨的接点错开。

7）根据设计要求，在覆面龙骨之间安装横撑龙骨，横撑龙骨间距一般为 600mm，横撑龙骨用挂件固定在覆面龙骨上。

8）开洞位置应用边龙骨收口。洞口位置尽量避开承载龙骨，若无法避让，应采取相应加固措施。

9）全面校正主次龙骨的位置及水平度，校正后将所有吊挂件、连接件拧紧。连接件应错位安装。

10）各种管线安装，不得破坏龙骨体系，或直接搭设在龙骨上。管线验收后方可进行覆面板安装。

11）面板不应有气泡、起皮、裂纹、污染和图案不完整等情况。

12）石膏板沿吊顶一端开始安装，石膏板长向边必须垂直覆面龙骨安装，石膏板短向边拼缝应错开，不得形成通缝。

13）用石膏板自攻螺钉将板面与龙骨固定；自攻螺钉用电动螺钉枪一次打入，钉头嵌入石膏板 0.5～1mm 为宜，不应破坏纸面、露出石膏。沿包缝边安装自攻螺钉，自攻螺钉离板边以 10～15mm 为宜，沿切断边安装自攻螺钉，自攻螺钉距板边以 15～20mm 为宜，螺钉间距 150～170mm。石膏板与龙骨连接应从板中间向四边固定，不允许多点同时作业，以免产生应力铺设不平。钉头处涂防锈漆，用嵌缝膏抹平。

14）接缝处理：拌制嵌缝膏，拌和后静置 15min。将板缝清洁，清除杂物。将嵌缝膏填入板缝内，压抹严实，厚度与板面平，不得高出。待其固化后，再抹嵌缝膏于板缝两侧，每边不小于 50mm，将接缝带贴在板缝处，用抹刀刮平压实，纸带与嵌缝膏间不得有气泡。使纸带中线与板缝中线重合，纸带在缝两边板面上宽度相等。将纸带边缘压出的嵌缝膏刮抹在纸带上，抹平压实，使纸带埋于嵌缝腻子中。静置待其凝固后，用嵌缝膏再将第一道接缝覆盖、刮平，宽度较上道每边宽出 50mm。静置凝固，再用嵌缝膏将第二道接缝覆盖、刮平，宽度每边再宽出 50mm。待其凝固后，用砂纸轻轻打磨，使其同板面平整一致。

15）转角处理：将不平的切断边用打磨器磨平，将嵌缝膏抹在转角两边，将护角带沿中线对折，扣在转角处，用抹灰刀抹平压实，使其同嵌缝膏黏结牢固，其表面处理方法同接缝处。

16）检测要求：检测项目应达到规范要求（表 7-1）。

表　7-1

项　次	项　目	允许偏差/mm	检　验　方　法
1	立面垂直度	3	用2m垂直检测尺检查
2	表面平整度	3	用2m靠尺和塞尺检查
3	接缝高低差	1	用钢直尺和塞尺检查

五、轻钢龙骨纸面石膏板隔墙

1）按图纸要求弹出隔断墙与墙面相连的垂直线；标出上下龙骨的安装位置，并标出门、窗洞位置。

2）安装沿地、沿顶及沿边龙骨：横龙骨与建筑顶、地连接，竖龙骨与墙、柱连接，采用金属胀铆螺栓固定。固定点的间距通常按600mm布置。轻钢龙骨与建筑基体表面接触处，一般要求在龙骨接触面的两边各粘贴一根通长的橡胶密封条（或涂密封胶），以起防水、隔声作用。

3）安装竖向龙骨：竖向龙骨长度比隔墙净高短5mm，间距为400mm。竖龙骨安装时应由隔断墙的一端开始排列，设有门窗者要从门窗洞口开始分别向两边展开。当最后一根竖龙骨沿墙、柱间距尺寸大于设计规定的龙骨间距时，必须增加一根竖龙骨。将预先截好长度的竖龙骨推向沿顶、沿地龙骨之间，翼缘朝罩面板方向就位，用自攻螺钉或抽芯铆钉与横龙骨固定。安装时注意各龙骨贯通孔高度必须在同一水平。门窗洞口处的竖龙骨采用双根并用或是扣盒子加强龙骨。如门的尺寸较大且门扇较重时，应在门框外的上下左右增设斜撑。

4）安装通贯龙骨：通贯横撑龙骨的间距为1500mm，通贯龙骨横穿各条竖龙骨上的贯通冲孔，接长时接长处使用连接件，在竖龙骨开口面安装卡托或支撑卡将通贯横撑龙骨锁紧，根据需要在竖龙骨背面加设角托并与通贯龙骨固定。

5）安装横撑龙骨：在隔墙骨架高度超过3m时，或当罩面板的水平方向板端（接缝）并非落在横向龙骨上时，应加设横向龙骨。利用卡托、支撑卡及角托与竖向龙骨连接固定。

6）纸面石膏板安装：安装前应对预埋隔断中的管道和有关附墙设备等采取加强措施。安装骨架一侧纸面石膏板，隔墙的石膏板竖向安装，其长边（包缝边）接缝落在竖龙骨上，龙骨两侧的石膏板应错缝。板块宜采用整板，如需对接时应靠紧，但不得强压就位。就位后的上下两端和竖向两边，应与上下楼板面和墙柱面之间分别留出3mm间隙，与顶、地的缝隙先加注嵌缝膏而后铺板，挤压嵌缝膏使其与相邻表层密切接触。用石膏板自攻螺钉将板材与轻钢龙骨紧密相连。螺钉沉入板面0.5～1mm，不能破坏纸面、露出石膏，沿包缝边安装自攻螺钉，自攻螺钉离板边以10～15mm为宜，沿切断边安装自攻螺钉，自攻螺钉距板边以15～20mm为宜，螺钉间距四边不大于200mm，中间为300mm。安装好隔断墙体一侧纸面石膏板后，按设计要求将墙体内需设置的接线穿线管固定在龙骨上。接线盒可通过龙骨上的贯通孔，接线盒的安装可在墙面上开洞，在同一墙面每两根竖龙骨之间最多可开2个接线盒洞，洞口距竖龙骨的距离为150mm；两个接线盒洞口必须上下错开，其垂直在水平方向的距离不得小于300mm。如果在墙内安装配电箱，可在两根竖龙骨之间横装辅助龙骨，龙骨之间用抽芯铆钉连接固定，不得用电气焊。

7）电气安装完毕后，如设计有要求可进行隔音岩棉板安装，将隔音岩棉板均匀分布在轻钢龙骨内腔中，并用挂钉将岩棉板进行固定，避免脱落。再安装骨架另一侧石膏板，装板的板缝不得与对面的板缝落在同一根龙骨上，必须错开。安装方法同前。

8）钉头、接缝及角部处理同纸面石膏板吊顶处理工艺。

9）轻钢龙骨纸面石膏板隔墙施工安装控制和检验允许偏差见表7-2。

表 7-2

项　次	项　　目	允许偏差/mm	检 验 方 法
1	立面垂直度	3	用2m垂直检测尺检查
2	表面平整度	3	用2m靠尺和塞尺检查
3	阴阳角方正	3	用直角检测尺检查
4	接缝高低差	1	用钢直尺和塞尺检查

六、木作饰面

1. 测量弹线

按图纸尺寸先在墙上划出水平标高线，然后弹出分格线。面层装饰板具体位置与标高尺寸在墙上分块定格、弹线，一般竖向间距为600mm，横向间距为300mm。

2. 防潮层处理

如设计有要求或遇靠外墙做墙饰面装饰的，首先要做好防潮处理，可用防水复合膜粘贴于墙上。

3. 龙骨安装

所有龙骨安装前，应先根据竖向主龙骨安装位置在墙面上画线，并确定固定螺钉位置，在定点位置上预埋木针或打孔安放膨胀管，便于龙骨固定安装。不得用钢钉将龙骨直接打在墙体上，因为施工震动会使钉孔松动，影响安装牢固度。

1）轻钢龙骨安装

① 根据实际要求确定空腔大小，加上边龙骨宽度（20mm）后在地面弹线，并以600mm间距固定边龙骨。

② 使用线锤确定楼板上相应边龙骨位置并固定。

③ 在墙面的水平方向以400mm间距弹出垂直线并以800mm垂直间距固定支撑卡。

④ 利用天地边龙骨上的两点为固定点在已安装的支撑卡上弹线，作为副龙骨水平安装的参考。

⑤ 将副龙骨的两端插入边龙骨内并以支撑卡上的参考线为准，用平头自攻螺钉固定。

2）木龙骨安装采用40×50木龙骨，木龙骨含水率应控制在12%以内，木龙骨应进行防火处理，涂防火漆三度，晾干后再拼装。按设计要求，制成木龙骨架，整片或分片拼装。四角和上下龙骨先平、后直，按面板分块大小由上而下做好木标筋，再在空档间钉横竖龙骨。安装龙骨前，应先检查基层墙面的平整度、垂直度是否符合质量要求，如有误差，应对基层作处理，安装时可用垫衬木片来调整平整度、垂直度。检查骨架与实体墙是否有间隙，如有，应用木块垫实。木龙骨的垫块应与木龙骨用钉钉牢，龙骨必须与每一块木砖钉牢，在每块木砖上用两枚钉子上下斜角错开与龙骨固定。没有木砖的墙面，用电钻打孔，孔深

40~60mm，钉入木楔。

4. 安装基层板

1）对石膏板或水泥压力板等基层板，用自攻螺钉以板边200mm、板中300mm的间距从墙的一端固定。端部的石膏板与周围的墙或柱应留有3mm的槽口。施铺罩面板时，应先在槽口处加注嵌缝膏，然后铺板并挤压嵌缝膏使面板与邻近表层接触紧密。在丁字形或十字形相接处，如为阴角应用腻子嵌满，贴上接缝隙带，如为阳角应做护角。安装石膏板前，应对预埋隔断中的管道和附于墙内的设备采取局部加强措施；石膏板宜竖向铺设，长边接缝落在竖向龙骨上。双层石膏板面层安装，龙骨一侧的内外两层石膏板错缝排列，接缝不应落在同一根龙骨上；需要隔声、保温、防火的应根据设计要求在龙骨内侧安装好隔声、保温、防火等材料，再封外侧的板。

2）对木质基层板，在对木龙骨基层进行隐蔽工程检查后，将基层板用钉与木龙骨连接，布钉要均匀，钉头要钉入板内，不得露出，基层面要平整。基层四边线要平直方正，表面要清扫干净。基层板涂饰防火涂料并晾干。

5. 安装面层装饰板

1）木质饰面板使用前应进行挑选，将色泽相同或相近、木纹一致的饰面板拼装在一起。根据设计要求尺寸正确无误，无毛边、缺角现象。用粘结剂将饰面板粘贴于基层板上，粘贴必须牢固，严禁出现空鼓、起包现象。

2）金属饰面板粘贴时，要注意裁剪尺寸精确，保证拼嵌平齐，注意面层保护，防止拉伤、拉毛。

3）硬包：根据硬包分格尺寸，将中密度板裁割至分格板块大小，将防火装饰布平整地铺在木板上，四边折向木板背面，然后用气钉固定板背面，边角压进20~30mm面料。将铺好装饰布的面板用气钉与基层板钉牢，钉应打入木龙骨中，钉头应射入布面。

6. 整修

针对不符合要求的部位要严格进行整修。

7. 饰面板施工安装控制和检验允许偏差见表7-3。

表　7-3

项次	项目	允许偏差/mm		检验方法
		木材	金属	
1	立面垂直度	1.5	2	用2m垂直检测尺检查
2	表面平整度	1	3	用2m靠尺和塞尺检查
3	阴阳角方正	1.5	3	用直角检测尺检查
4	接缝直线度	1	1	拉5m线用钢直尺检查
5	墙裙勒脚上口直线度	2	2	拉5m线用钢直尺检查
6	接缝高低差	0.5	1	用钢直尺和塞尺检查
7	接缝宽度	1	1	用钢直尺检查

七、金属板饰面

1）对原柱、墙体进行检查，包括强度、结构尺寸、垂直度、平整度等。清除表面残留灰渣。

2) 材料准备。按设计要求确定施工方案，准备好施工所需用材和固结材料等。

3) 施工工具准备。包括测量放线工具、电锯、冲击钻、射钉枪等。

4) 放样、画线。按设计要求对柱、墙体饰面进行放样、画线。因建筑结构总是存在一定误差，应根据柱、墙体中心线，通过吊锤的方式将基准线引至顶面，保证地面和顶面的一致性和垂直性。

5) 安装龙骨。

① 根据画线位置确定竖向龙骨及横向龙骨的尺寸，然后按实际尺寸下料。

② 竖向龙骨采用角钢连接件与顶、地面连接，中部用射钉与柱体固定。固定前，先应用弧形样板找圆、找直，采用木楔垫平的方法，使龙骨与柱体固定贴实。

③ 横向龙骨可采用槽接法，横向龙骨的间距一般为 300mm 或 400mm。

6) 安装基层板。将基层板根据柱、墙体的骨架分格，裁成一定规格的小板，用钢钉将板与龙骨连接，可从中部先固定，两边应搭接钉在木龙骨上，钉头应敲入板内，保证板面平整。对钉头部位点防锈漆，做好防锈处理。

7) 安装金属（铝塑）板

① 饰面板应按照设计要求，确定板材定制尺寸。有弧形要求的应采用压制法形成弧形曲面板。

② 饰面板安装一般在完成室内装饰吊顶、隔墙、抹灰、涂饰等分项工程后进行，安装现场应保持整洁，有足够的安装距离和充足的自然或人工光线。

③ 将成型饰面板按编号从下而上用自攻螺钉安装在支架上，每节安装时都应校正上下平直度。

④ 安装完毕后，在缝内注入硅胶，保证缝宽一致。如采用无缝安装，可用胶粘剂将弧形板粘贴在九厘板基层上，粘贴后应采用一周夹子固定，待其凝固后再松开。

⑤ 饰面板安装后应采取成品保护措施，避免对板面造成污染和损坏。

八、石材饰面

1) 进行基层处理：粘贴基层应清理平整，保证板材能安放到位，对凸出部位应进行凿除，并清除墙面残渣浮灰。

2) 吊垂直、套方、找规矩：按设计要求将饰面外轮廓线从墙体引出，并于大面高低和左右两端贴标高试块，拉通线，确定粘贴控制线。

3) 试排与选材：根据整体尺寸和石材规格、留缝宽度，确定排列方案。要注意同一墙面上不得有一排以上的非整材，并应将其镶贴在较隐蔽的部位。石材为天然材料，色泽花纹会有较大差异，施工前应通过试排，选定排放顺序，并按编号顺序运至施工现场。

4) 抹底层砂浆。将基层事先用水湿润，并等稍晾干后，先刷界面剂素水泥浆一道，随刷随打底；底灰采用 1:3 水泥砂浆，厚度约 12mm，分两遍操作，第一遍约 5mm，第二遍约 7mm，待底灰压实刮平后，将底子灰表面划毛。

5) 镶贴板材。待底子灰凝固后便可进行分块弹线，随即将已湿润的块材抹上厚度为 2～3mm 的干粉型粘结剂调和的水泥浆进行镶贴，用木槌轻敲，用靠尺找直靠平。

6）表面勾缝和擦缝。粘贴完成后及时用清水将表面砂浆抹去，待24～48h后进行勾缝和擦缝处理。

7）质量标准。

① 板材与基层粘结必须牢固，无空鼓现象。

② 表面平整洁净，无歪斜、缺棱掉角现象和裂纹、泛碱、污痕等缺陷。

③ 饰面应无明显色差。

④ 饰面勾缝应密实、平直，宽窄深浅一致。

⑤ 施工安装控制和检验项目允许偏差见表7-4。

表　7-4

项　次	项　　目	允许偏差/mm	检　验　方　法
1	立面垂直度	2	用2m垂直检测尺检查
2	表面平整度	1.5	用2m靠尺和塞尺检查
3	阴阳角方正	2	用直角检测尺检查
4	接缝直线度	2	拉5m线用钢直尺检查
5	墙裙勒脚上口直线度	2	拉5m线用钢直尺检查
6	接缝高低差	0.5	用钢直尺和塞尺检查
7	接缝宽度	1	用钢直尺检查

九、墙面砖饰面

1. 基层处理

为加强面砖与基体粘结，应先将墙面的松散混凝土、砂浆杂物等清理干净，明显凸出部分应凿去。底层砂浆要绝对平整，阴阳角要绝对方正。墙面如有油污，可用烧碱溶液清洗干净。面砖铺贴前，基层表面应洒水湿润，然后涂抹水泥砂浆找平层。

2. 弹线

按照图纸设计要求，根据门窗洞口、横竖装饰线条的布置，首先明确墙角、墙垛、线条、分格、窗台等节点的细部处理方案，弹出控制尺寸，以保证墙面完整和粘贴部位操作顺利。

3. 选砖

对进场面砖进行开箱抽查，如果发现尺寸、色泽有出入，应进行处理，并增加检查数量。

4. 抹底子灰

面砖铺贴前，基层表面应洒水湿润，然后涂抹水泥砂浆找平层。底层砂浆要绝对平整，阴阳角要绝对方正。

5. 面砖粘贴

根据施工图设计标高弹出若干条水平线和垂直线，再按设计要求与面砖的规格确定分格缝宽度，并准备好分格条，以便按面砖的图案特征顺序粘贴。面砖宜采用素水泥浆铺贴，一般自下而上进行，整间或独立部位宜一次完成。在抹粘结层之前应在湿润的底层刷水泥浆一遍，同时将面砖铺在木垫板上（底面朝上），涂上薄薄一层素水泥浆，然后进行粘贴，一般一个单元的面砖铺完稳固后，在水泥浆凝固前用金属拨板调整弯扭的缝隙，使间距均匀，如有小块面砖发生移动应垫上木板轻拍，压实敲平。待全部铺贴完，粘结层终凝后，用白水泥稠浆将缝嵌平，并用力推擦，使缝隙饱满密实。

6. 质量标准

① 面砖与基层粘结必须牢固，无空鼓现象。

② 表面平整洁净，无歪斜、缺棱掉角现象和裂纹、泛碱、污痕等缺陷。

③ 面砖应无明显色差。

④ 面砖勾缝应密实、平直，宽窄深浅一致。

⑤ 施工安装控制和检验项目允许偏差见表7-5。

表 7-5

项 次	项 目	允许偏差/mm	检验方法
1	立面垂直度	2	用2m垂直检测尺检查
2	表面平整度	1.5	用2m靠尺和塞尺检查
3	阴阳角方正	2	用直角检测尺检查
4	接缝直线度	2	拉5m线用钢直尺检查
5	墙裙勒脚上口直线度	2	拉5m线用钢直尺检查
6	接缝高低差	0.5	用钢直尺和塞尺检查
7	接缝宽度	1	用钢直尺检查

十、地面大规格抛光砖饰面

1）将基层清扫干净，按设计要求将板材高度标高线弹在墙柱脚上。

2）施工工具如粉线包、墨斗线、水平尺、直角尺、木抹子、橡皮锤、皮锤、尼龙线、切割机、灰勺、靠尺、浆壶、水桶、扫帚等，应完好齐全。

3）基层抹面应验收合格。应粘结牢固，不空鼓，不起砂、起皮，无裂纹，表面平整，基层强度应达到12N/mm²以上，其坡度、坡向符合设计要求。对出现较大凹凸不平或较明显不符合要求的部位，应提前进行处理。

4）施工方法：

① 依据水平线弹出分格线，用以检查和控制饰面板材的位置，并将底线引至墙根部。

② 依设计或现场所定留缝方案，在楼梯走廊、平台处，将饰面板各铺一条，以检查板块之间的缝隙，并核定板块与墙根、洞口等的连接位置，找出二次加工尺寸和部位，以便画线加工。

③ 铺贴前将地面清扫干净，再洒水湿润，均匀地刮素水泥浆一道。

④ 根据标准块定出的地面结合层厚度，拉通线铺结合层砂浆，每铺一片板材，抹一块干硬性水泥砂浆，一般体积比为1:3，稠度以手攥成团不松散为宜。以水平线为准用靠尺刮平后再用木抹子拍实搓平，即可铺板材。

⑤ 镶铺板材的顺序，一般采用从上往下退步法铺贴。先铺中间，再铺贴两侧，最后铺贴踢脚板。

⑥ 铺设 24～48h 后，进行灌浆和擦缝。根据饰面板的不同颜色，将配制好的彩色水泥胶浆，用浆壶徐徐压入缝内。灌浆 1～2h 后，用纱布蘸原浆擦缝，使之与板面相平，并将地面上的残留水泥浆擦净，也可用干锯末擦净。交工前保持板面无污染。

⑦ 已铺好的地面应采取隔离保护，无隔离条件的用胶合板或塑料薄膜保护，2d 内不许上人或堆放物件。

⑧ 施工安装控制和检验项目允许偏差见表 7-6。

表 7-6

项 次	项 目	允许偏差/mm		检验方法
		陶瓷地砖	大理石、花岗石	
1	表面平整度	2	1	用 2m 靠尺和楔形塞尺检查
2	缝格平直	3	2	拉 5m 线用钢直尺检查
3	接缝高低差	0.5	0.5	用钢尺和楔形塞尺检查
4	踢脚线上口平直	3	1	拉 5m 线用钢尺检查
5	板块间隙宽度	2	1	用钢尺检查

十一、地面砖饰面

1) 基层清理：将基层表面的砂浆、油污和垃圾清除干净，用水冲洗、晾干。

2) 贴饼、标筋：根据墙面水平基准线，弹出地面标高线，然后在房间四周做灰饼，灰饼表面比地面标高线低一块所铺地砖的厚度，再按灰饼标筋。有地漏和排水孔的部位，应从四周向地漏或排水孔方向做放射状标筋，坡度为 0.5%～1%。

3) 铺结合层砂浆：铺砂浆前，基层应浇水润湿，刷一道水灰比为 0.4～0.5 的水泥素浆，随刷随铺水泥：粗砂 = 1:3（体积比）的干硬性砂浆（砂浆厚度必须控制在 3.5cm 以内）；根据标筋的标高，用木抹子拍实、短刮尺刮平，再用长刮尺通刮一遍。检测平整度应不大于 4mm；拉线测定标高和泛水，符合要求后，用木抹子搓成毛面。踢脚线应抹好底层水泥砂浆。

4) 弹线：按设计图纸和铺设大样图弹出控制线。弹线时在房间纵横或对角两个方向排好砖，其接缝宽度应不大于 2mm，当排到两端边缘不合整砖时，量出尺寸，将整砖切割成镶边砖。排砖确定后，用方尺规方，每隔 3～5 块砖在结合层上弹纵横或对角控制线。

5) 浸水：将选配好的砖清洗干净后，放入清水中浸泡 2～3h 后，取出晾干、备用。

6) 铺砖：铺砖的顺序，按线先铺纵横十字形定位带，定位带各相隔 15～20 块砖，然后铺定位带内的面砖；楼梯应先铺贴踢脚板，后铺贴踏步板；如有镶边，应先铺贴镶边部分。

7) 铺贴方法：结合层做完弹线后即可铺砖。铺砖时，应抹水泥湿浆或撒 1～2mm 厚干水泥洒水湿润，将地面砖按控制线铺贴平整密实。

8) 压平、拨缝：每铺完一个房间或一个段落，用喷壶略洒水，15min 左右用木槌和硬木拍板按铺砖顺序锤拍一遍，不遗漏。边压实，边用水平尺找平。压实后，拉通线先竖缝后横缝进行拨缝调直，使缝口平直、贯通。调缝后，再用木槌、拍板砸平。破损面砖应更换，随即将缝内余浆或砖面上的灰浆擦去。从铺砂浆到压平拨缝，应连续作业，常温下必须

5~6h完成。

9）嵌缝：铺完地面砖2d后，将缝口清理干净，刷水湿润，用1:1的水泥砂浆嵌缝。如色彩面砖，则用白水泥砂浆嵌缝。嵌缝应做到密实、平整、光滑。水泥砂浆凝结前，彻底清除砖面灰浆。无釉砖严禁扫浆嵌缝，以免污染饰面。

10）养护：嵌缝砂浆终凝后，铺锯末浇水养护不得少于5昼夜。

11）施工安装控制和检验项目允许偏差见表7-7。

表 7-7

项次	项　目	允许偏差/mm		检验方法
		陶瓷地砖	大理石、花岗石	
1	表面平整度	2	1	用2m靠尺和楔形塞尺检查
2	缝格平直	3	2	拉5m线用钢直尺检查
3	接缝高低差	0.5	0.5	用钢尺和楔形塞尺检查
4	踢脚线上口平直	3	1	拉5m线用钢尺检查
5	板块间隙宽度	2	1	用钢尺检查

十二、复合地板铺设

1）铺贴前，在地面均匀铺放PE泡沫塑料吸音衬垫。

2）铺设第一块地板。将第一块地板靠墙放置，最好从左墙角开始，注意一定要距离墙壁预留8mm的空隙（面积较大或湿度变化较大的场合，必须加宽预留空隙）。无需使用胶水，铺好第一排地板。

3）切割每排最后一块地板。为了准确地切割每一排最后一块地板，应把地板旋转180°，榫舌对着榫舌，有花纹的一面朝上，放在已铺好的地板旁边。不要忘记离墙壁的缝隙距离，在地板上画线并锯掉多余部分。切割时使用电锯或手动曲线锯，应从地板正面锯，以免地板边缘破裂。

4）地板沿墙线平行铺设，如遇墙线不直，在第一排地板上胶以前，用垫块标出墙线，依照标记纵向切割地板。如果经试排或试算最后一排地板宽度小于5cm，那么也要先切割第一排地板。

5）每开始铺新的一排地板，先用尽上一排剩下的地板，前三排地板榫舌接头处错开至少40cm，前三排地板必须完全顺直，应用线和尺校正。

6）前三排地板铺设好后，开始上胶，在复合地板的边缘涂抹胶结剂。

7）用锤子和缓冲块非常小心地敲打地板，使地板完全衔接在一起，所有榫槽都涂上胶水并漫溢出来，待胶水变干以后，用塑胶铲刮掉，然后用一块湿布擦干净，注意用经清水漂洗干净的湿布，否则胶水糊在地板上，难以清除。

8）最后一块地板安装前，必须先测出最后一排地板的准确宽度。先将一块地板榫舌对墙完全重叠在前一排地板上，然后再拿一块地板靠墙叠放在需测量的地板上，在两块地板交错的地方画线，锯掉多余部分。安装最后一块地板要用拉紧器。

9）施工安装控制和检验项目允许偏差见表7-8。

表　7-8

项　次	项　　目	允许偏差/mm	检　验　方　法
1	板面缝隙宽度	0.5	用钢尺检查
2	表面平整度	2.0	用2m靠尺和楔形塞尺检查
3	踢脚线上口平齐	3.0	拉5m线用钢直尺检查
4	板面拼缝平直	3.0	拉5m线用钢直尺检查
5	相邻板块高差	0.5	用钢尺和楔形塞尺检查
6	踢脚线与面层接缝	1.0	用楔形塞尺检查

十三、地毯的铺设

地毯铺设分为满铺与局部铺设。其铺设方式有固定式和不固定式。

1）清理基层：水泥砂浆或其他地面质量保证项目和一般项目，均应符合验收标准。铺设地毯前地面应干燥，其含水率不得大于8%。对于酥松、起砂、起灰、凹坑、油渍、潮湿的地面，必须返工后才可铺设地毯。

2）裁割：地毯裁割首先应量准房间的实际尺寸。按房间长度加长2cm下料。地毯宽度应扣去地毯边缘后计算。然后，在地毯背面弹线。大面积地毯用裁边机裁割，小面积地毯一般用手握剪刀和手推剪刀从地毯背面裁切。圈绒地毯应从环毛的中间剪切开，割绒地毯应使切口绒毛整齐，将裁好的地毯卷起编号。

3）固定：地毯沿墙边和柱边固定时，先在离踢脚线8mm处，用钢钉（又称水泥钉）按中距300~400mm将倒刺条板钉在地面上。倒刺板用1200mm×24mm×（4~6mm）的三夹板条，板上钉两排斜铁钉。房间门口的地毯固定和收口，是在门框下的地面处，采用厚2mm左右的铝合金门口压条，将21mm面用螺钉固定在地面内，再将地毯毛边塞入18mm的口内，将弹起压片轻轻敲下，压紧地毯。外门口或地毯与其他材料的相接处，则采用铝合金"L"形倒刺条、锑条或其他铝压条，将地毯端边固定和收口。

4）缝合：纯毛地毯缝合，有两种方法。其一，在地毯背面对齐接缝，用直针缝线缝合结实，再在缝合处刷5~6cm宽的一道白胶，粘贴牛皮纸或白布条，也可用塑料胶纸带粘贴保护接缝。正面铺平用弯针在接缝处做绒毛密实的缝合，表面不显拼缝。其二，粘贴缝合，一般用于有麻布衬底的化纤地毯。先在地面上弹一条直线，沿线铺一条麻布带，在带上涂上一层地毯胶粘剂，然后将地毯接缝对好粘平；也可用胶带粘结，逐段熨烫，用扁铲在接缝处碾实压平。此种方式适用于化纤地毯。

5）铺设：其一，地毯就位后，先固定一边，将大撑子承脚顶住对面墙或柱，用大撑子扒齿抓住地毯，接装连接管，通过撑头杠杆伸缩，将地毯张拉平整。连接管可任意接装。也可采用特种张紧器铺平。其二，先将地毯的一条长边固定在沿墙的倒刺板条上，将地毯毯边塞入踢脚板下面空隙内，然后用小地毯撑子置于地毯上用手压住撑子，再用膝盖顶住撑子胶垫，从一个方向向另一边逐步推移，使地毯固定在倒刺板上，多余部位应割除掉。

6）修整、清洁：铺设完毕，修整后将收口条固定，之后使用吸尘器清扫一遍。

7）地毯铺设质量要求：

① 选用的地板和衬垫材料，应符合设计要求。

② 地毯固定牢固，不能有卷边与翻边的现象。

③ 地毯的拼缝处平整，不能有打皱、鼓包现象。

④ 地毯拼缝处平整、密实，在视线范围内应不显拼缝。

⑤ 地毯同其他地面材料的收口或交接应顺直，视不同部位选择合适的收口或交接材料。

⑥ 地毯的绒毛应理顺，表面应洁净，无油污及杂物。

十四、免漆免刨地板铺设

1）依据水平基准线，在四周墙上弹出地面设计标高线，供安装搁栅调平时使用。

2）清理基层面，将表面的砂浆、垃圾物清理干净。按照设计规定的木搁栅间距弹出十字交叉线和预埋塑料膨胀管的打孔点。

3）木搁栅材料应顺直、平整，做干燥、防腐处理后，四周涂防火漆三度晾干备用。木搁栅应平直堆放。

4）木搁栅的安装宜从一端开始，对边铺设。铺设数根后应用靠尺找平，掌握间距为400mm，木搁栅的表面应平直。用2m直尺检查时，尺子与搁栅间的空隙不应大于3mm。搁栅和墙间应留出不小于30mm的间隙，以利于隔潮和通风，接头位置应错开。

5）用水平仪校对搁栅水平，当木搁栅上皮不平时，可用垫板（不准用木楔）找平，或刨平，也可对底部稍加砍平，深度不应超过10mm，砍口应做防腐处理。采用垫板找平时，垫板应与木搁栅钉牢。

6）木搁栅安装后，必须用螺钉与搁栅底面膨胀管连接，并安装牢固平直。

7）清理基层，将细木栅间的木屑和灰尘清理干净。

8）铺免漆免刨地板，铺地板之前弹出铺钉线，然后由中间向两边铺钉。先铺钉一条标准，检验合格后，顺序施工。为了保证缝隙严密顺直，在铺设地板时钉入扒钉。用锲块将地板靠紧，使之顺直，然后用钉子从凸榫边倾斜钉入，钉帽冲进不露，接头间隔错开。

9）做好免漆地板面成品保护，先打一层蜡，并用全新塑料布覆盖再盖上夹板保护层。尽量避免闲杂人员进入。

10）施工安装控制和检验项目允许偏差见表7-9。

表 7-9

项 次	项 目	要 求	检验方法
1	板面缝隙宽度	0.5	用钢尺检查
2	表面平整度	2.0	用2m靠尺和楔形塞尺检查
3	踢脚线上口平齐	3.0	拉5m线用钢直尺检查
4	板面拼缝平直	3.0	拉5m线用钢直尺检查
5	相邻板块高差	0.5	用钢尺和楔形塞尺检查
6	踢脚线与面层接缝	1.0	用楔形塞尺检查

十五、涂料工程

1. 基层清理

1）板面和抹灰面的基层处理。先将抹灰面的灰渣及疙瘩等杂物用铲刀铲除，然后用刷子将表面灰尘污垢清除干净。

2）表面清扫后，用腻子将墙面批平。腻子干透后，先用铲刀将多余腻子铲平，用1号砂纸打磨平整。板面拼缝一般用纸面胶带贴缝。钉头面刷防锈漆，并用石膏腻子抹平。阴角用腻子嵌满贴上接缝膏。

2. 板面和抹灰面的涂饰工序

1）满刮腻子及打磨：室内涂装面较大的缝隙填补平整后，使用批嵌工具满刮乳胶漆腻子，所有微小砂眼及收缩裂缝均需满刮，以密实、平整、线角棱边整齐为度。同时，应一刮顺一刮地沿着墙面横刮，尽量刮薄，不得漏刮，接头不得接槎，注意不要玷污门窗及其他物面。按顺序刮三遍腻子，腻子干透后，用1号砂纸裹在平整砂布架上，将腻子高低不平处打磨平整，直至光滑为止。注意用力均匀，保护棱角。然后用棕扫帚清扫干净。

2）刷涂料。第一遍涂料涂刷前必须将基层表面清扫干净，擦净浮灰。涂刷时宜用排笔，涂刷顺序一般是从上到下，从左到右，先横后竖，先边线、棱角、小面后大面。阴角处不得有残留涂料，阳角处不得裹棱。如墙面面积较大，一次涂刷不能从上到底时，应多层次上下同时作业，互相配合协作，避免接槎、刷涂重叠现象。独立面每遍应用同一批涂料，并一次完成。

3）复补腻子。每一遍涂料干透后，应普遍检查一遍，如有缺陷应局部复补涂料腻子一遍，用牛角刮刀刮抹，以免损伤涂料漆膜。

4）磨光：复补腻子干透后，应选用细砂纸将涂料面层打磨平滑，注意用力轻而匀，且不得磨穿涂料漆膜。

5）第二、三遍涂料刷涂。刷涂顺序与方法和第一遍相同，要求表面更加美观细腻，从不显眼的一头开始，向另一头循序刷涂，至不显眼处收刷为止，不得出现接槎及刷痕。高级刷涂时，表面用更细的砂纸轻轻打磨光滑。

3. 质量要求

1）刷涂均匀、粘结牢固，不得漏涂、透底、起皮和掉粉。

2）检测标准见表7-10。

表　7-10

项　次	项　目	要　求	检 验 方 法
1	颜色	均匀一致	观察
2	泛碱、咬色	不允许	观察
3	流坠、疙瘩	不允许	观察
4	砂眼、刷纹	无	观察
5	装饰线、分色线直线度允许偏差/mm	1	拉5m线用钢直尺检查

十六、油漆工程

1. 油漆工艺施工技术及要求

1）在施工前根据图纸要求，应先选一块不小于300mm×300mm的饰面板进行油漆。样品做好后，等设计师及业主认可后方能进行大面积施工。

2）工具。所有用于油漆的工具都必须清洁、干净、无异物，包括喷漆的压缩机、管道和喷枪都要干净。

3）环境。所有装饰件的油漆施工都应该在干净的环境中进行。油漆作业严禁在密闭的地方进行，为了减小气体密度，一定要通风透气。

4）油漆的材料。所选用的颜色和油漆种类一定要按设计要求并先确定样品后才能使用，必须有产品合格证及商检测试报告，并在储存有效期内使用。

5）现场。施工现场一定要封闭，控制进场人员，并有专人负责。

2. 工艺程序要求

1）所有油漆的木饰面表面均用砂布打磨光滑并清除粉尘。

2）非原本色的油漆表面要先补灰，补灰腻子的材料必须适应油漆的附着，直至光滑平整无缺陷，不出现裂口为止。还应注意根据使用部位、基层材料底料和面涂料的不同功能，合理地选用腻子的配合比。

3）批刮腻子，从上至下，从左至右，先平面后棱角，以高处为准，一次刮下。手要用力向下按腻板，倾斜角为60°~80°，用力均匀，清水显木纹要顺木纹批刮，收刮腻子时只准一两个来回，不要多刮。头道腻子批刮主要与基层结合，要刮实；二道腻子要刮平，不得有气泡；最后一道腻子要刮光，填平麻眼，为打磨工序创造有利条件。

4）清漆油漆的施工需分层次进行。不同漆类进行次数均不相同，严禁一次性完成。对本色清漆的装饰面，先进行清漆封闭处理，刷漆二遍（防止饰面受污染）再进行。加工成型后补钉孔，补灰缝，打砂纸，去粉尘后，喷漆二遍（不能留痕迹，不能有发白现象，不能有微细气泡等缺陷，做完的油漆面应平滑，手感丰满）。

5）不管是油刷还是喷射施工，对不该油漆的部位应先保护起来，严禁有油漆粘上后再铲除的处理方式。

6）打磨

① 基层打磨。干磨，用1~1.5号砂纸。线角处用对折砂纸的边角砂磨。边缘棱角要打磨光滑，去其锐角，以利涂料的黏附。

② 层间打磨。干磨或湿磨，用0号砂纸、1号旧砂纸或280~320号水砂纸。木质面上的透明涂层应顺木纹方向直磨，遇有凹凸线角部位可以运用直磨、横交叉的方法轻轻打磨。

③ 面漆打磨。用400号以上水砂纸打磨。打磨边缘、棱角、曲面时不可用垫块，要轻磨并随时查看，以免磨透、磨穿漆面。

7）涂刷。涂刷时要注意刷匀，蘸漆量每刷要等量，用力均匀，每笔刷涂面积和长度要一致（40~50cm），应顺木纹方向刷涂，不能来回多刷，以免出现皱纹或将底漆膜拉起。刷具采用不脱毛、富有弹性的旧排笔或底纹笔。

8）在整套工序完成后，油漆层完全自然干燥后，再进行保护处理。

3. 质量验收标准

1）所用的油漆品种、颜色符合设计和选定的色板要求。使用配组漆时，必须按规定配比调和。

2）如有配色要求时，每次同一面层的油漆必须一次调制、一次刷完，避免色差。

3）涂刷均匀、粘结牢固，不得漏涂、透底、起皮、流挂和反锈，漆膜厚薄均匀，颜色一致。木纹清晰、柔和、光滑、无挡手感。

4）检测标准见表7-11。

表　7-11

项　次	项　　目	要　　求	检验方法
1	颜色	均匀一致	观察
2	光泽、光滑	光泽均匀一致、光滑	观察、手摸检查
3	刷纹	无刷纹	观察
4	裹棱、流坠、皱皮	不允许	观察
5	装饰线、分色线直线度 允许偏差/mm	1	拉5m线用钢直尺检查

十七、裱糊工程

1）基层处理：基层墙面应平整，明显凹凸不平处要修补抹平，较小的麻面、污斑应刮腻子填补磨平。除保证平整外，墙面要保持干燥，以防止裱贴后产生发霉现象。墙面应用扫帚清扫干净，无粉尘、浮灰，并在墙面刷一层底胶。

2）弹线：要求横平竖直，考虑墙纸对称均匀，幅面匀称。每个墙面第一张纸都要弹线找直，作为准线，第二张起，先上后下对缝依次裱糊。弹垂线时在墙顶钉一颗钉，系一铅锤到踢脚板上缘处，然后弹垂直线。弹线要细、直。水平线以挂镜线为准，无挂镜线时要弹水平线，控制水平度。对于有窗口的墙面，为了使壁纸花纹对称，应在窗口弹好中线，再往两边分线；如窗口不在中间，为保证窗间的阳角花饰对称，应弹窗间墙中心线，再由中心线向两侧分格弹垂线。

3）裁剪：墙纸要根据材料规格和墙面尺寸，统筹规划，编号按序粘贴。壁纸的下料长度应比裱贴部位的尺寸略长100～150mm。如果带花纹图案时，应先将上口的花饰全部对好，并根据图案整倍数裁割，以便花型的拼接。裁好的墙纸卷成卷儿，横放在盒内，防止玷污和碰毛纸边。

4）裱糊粘贴：选好位置，吊垂线，确保第一块墙纸粘贴垂直、平坦。胶粘剂应随用随配，以当天施工用量为限。羟甲基纤维素先用水溶化，经10h左右后，用细眼纱过滤，除去杂质，再与其他材料调配，搅拌均匀。胶液的稀稠程度，以便于裱贴为度。用排笔把胶液均匀刷到墙上，再把裁好的成卷墙纸自上而下按对花要求渐渐放下，用湿毛巾将墙纸抹平贴牢，用刀片割去上下多余纸料。裱贴可采取搭接法，即相邻两幅在拼缝处，后贴的一幅压前一幅3cm左右，然后用直尺与割刀在搭接范围内的中间，将双层壁纸切透，把切掉的两小条壁纸撕下来。有图案的壁纸，为了保证图案的完整性和连续性，裱贴时可采取拼接法，先对图案后拼缝。从上至下图案吻合后，再用刮板斜向刮胶，将拼缝处赶密实，然后从拼缝处刮出多余的胶液，并擦干净。对于重要重叠对花的壁纸，应先裱贴对花，待胶液干到一定程度后，裁下余边再刮压密实。用刀时着力均匀，一次直切，以免出现刀痕或搭接起丝的现象。裱贴拼贴时，阴角处应搭接，阳角处不得有接缝，应包角压实。墙面明显处用整幅壁纸，不足一幅的应裱贴在较暗或不明显部位。与挂镜线、踢脚板、贴脸等部位的连接应紧密，不得出现缝隙。再从上往下均匀地赶胶，排出气泡，并随时擦去多余的胶液。

5）修整：若发现局部不合格，应及时采取补救措施。如纸面出现皱纹、死褶时，应趁纸未干用湿毛巾拭纸面，用手舒平，再用胶辊滚压赶平。若壁纸干结，则要返工重新裱贴。

6）施工控制和检测标准见表7-12。

表　7-12

项目		质量要求	检验方法
保证项目	墙纸	墙纸必须粘接牢固，无空鼓、翘边、皱折等缺陷	
基本项目	裱糊表面	色泽一致，无斑痕，无胶痕	观察检查
	各幅拼接	横平竖直，图案端正，拼缝处花纹基本吻合，距墙1.5m处正视不显拼缝，阴角处搭接顺滑，阳角处搭接无接缝	
	裱糊与挂镜线、踢脚板、电气槽盒等交接	交接紧密，无缝隙，无漏贴和补贴，不糊盖需拆卸的活动件	

第五节　建筑装饰工程成品与半成品质量保护

一、成品与半成品保护的目的

成品与半成品保护是加强工程质量管理和成本控制的重要环节，是提升工程品质、控制成本的重要手段。成品与半成品保护的管理制度能体现项目的管理水平。施工现场随着施工的进行，成品与半成品保护显得尤为重要，做好成品与半成品保护工作，是指施工过程中对已完工程进行保护，否则一旦造成破坏，将会增加修复工作，带来工、料等的浪费，造成工程拖延及经济损失。

二、成品与半成品保护一般方法

成品与半成品保护一般方法主要有：盖、遮、围、堵、包、绑。

盖：即对成品与半成品进行覆盖。

遮：即采取搭棚等措施进行覆盖。

围：即在成品四周采取围护措施，限制人流、车辆等进入。

堵：即将有关电气等管道事先进行封堵，防止杂物、泥土等堵塞孔道。

包：即对成品进行包裹保护。

绑：即在物体运输过程中采用有关绑扎、支架固定等措施防止物资在运输、吊装过程中的损坏。

三、成品与半成品保护具体措施

1）加强装饰企业管理人员及职工装饰工程质量教育和培训。

2）装饰工程项目部和各工程施工队对参加施工的全体员工要进行经常的有针对性的质量意识教育、质量管理知识教育、质量标准教育和质量责任教育。各工程施工队必须结合工程进度定期对施工班组进行一次全面的质量教育。

3）建立装饰工程质量例会制度，项目部每周组织召开一次由各施工队人员参加的质量碰头会，研究解决施工中的质量问题，分析质量动态，提出关键部位注意事项。定期召开由各工程施工队负责人及有关人员参加的质量工作会，分析解决施工中发生的质量问题。采取对策措施。

4）装饰工程管理人员必须认真制订建筑装饰工程施工方案中有关成品和半成品的保护措施，重要的保护部位及措施要报请项目部审批。

5）钢梯、室内工具式脚手架、双轮车等工作平台下脚必须穿鞋（即胶皮套），否则不允许在做好的地面上施工。

6）任何人不得在已安装完成的石材、瓷砖表面乱涂乱画，对于已经安装完成的玻璃外侧必须采取有效的措施防止磕碰刮划。

7）在铝合金、不锈钢、玻璃、石材、饰面砖、马赛克、卫生洁具等装饰完成面上方及扶梯和重要机电设备上方与附近进行电气焊作业前，必须把电火花影响到的所有部位可靠遮挡后方可进行作业，遮挡必须用阻燃性材料。

8）先后施工的分项工程，后施工不得碰坏或任意拆除先施工的成品。

9）安装灯具、插座、开关、风口、喷洒头等设备的工人，在已完成的装饰面上操作必须戴白手套，在已经安装好的地面（如地毯）上作业的人员必须脱鞋或戴鞋套，防止污染已装修好的完成面。

10）对于安装完成的机电设备必须妥善搞好保护工作。施工时必须把机电设备用编织布、帆布或塑料布遮盖好后方可进行操作，以防污染。安装单位在已完成的装修完成面附近施工时，必须采取措施保护已完饰面。

四、成品与半成品保护期限及消防保卫措施

1. 成品与半成品保护期限

从工程开工到工程竣工交付使用为止。

2. 现场防火保障工作

1）装饰装修工程存在很多交叉作业，牵涉多个工种并且涉及较多易燃物品，所以必须将防火工作作为成品保护工作中的重中之重。

2）所有入场工人必须进行三级安全教育、现场防火工作细则学习。

3）施工区域严禁烟火。

4）易燃易爆物品必须设置专用储存室分区存放，专用储存室必须远离火源。

5）施工区域禁止使用不符合安全标准的电动工具及电缆，防止引发短路起火。

6）施工现场防火安全实行"定人""定岗""定责任"的三定原则，由专职安全员每天巡视施工现场安全、防火工作以及定期检查原建筑物内配置消防灭火器材、消防栓、消防报警系统是否可以正常使用，确保万无一失。

【基础练习题】

1. 建筑装饰工程质量管理的发展大致分为哪三个阶段？

2. 质量控制的内容是什么？

3. 建筑装饰隐蔽工程验收制度包括哪些内容？

4. 工序交接验收及质量评定包括哪些内容？

5. 什么是工序交接制度？

【实训练习题】

1. 要求学生掌握国家关于质量验收的法规与规范。

2. 要求学生参与实习工地的质量验收工作，并以图片和影像的形式记录施工中出现的质量问题。

3. 要求学生掌握常规工程质量检验与评定方法。

第八章　建筑装饰工程项目成本管理

第一节　建筑装饰工程项目成本管理概述

一、装饰工程项目成本定义

装饰工程项目成本定义：产品在生产过程中的活劳动和物化劳动投入量，即产品劳动价值的数量。它包括：支付给工人的工资、奖金、保险等费用；消耗的材料费；构配件、施工机具台班费和租赁费；项目部门为施工管理所发生的全部费用的支出。装饰工程项目成本是装饰施工中所发生的全部生产费用的总和。

建筑装饰企业和项目的经营活动，目的就是追求利润最大化，当然这个利润要合理合法，不能通过以次充好、偷工减料、欺诈等手段实现。利润是经营收入扣除成本和税金的剩余量，其中税金是不可调整的，显而易见，要增加利润，只能通过增加收入和降低成本两种方式来实现。其实收入在理论上也是不可调整的，它是物品也就是我们施工项目所有完成子项价值的汇总体现，是物品价值的客观体现，但我们也可以通过主观努力和经营实现增加附加值，超过物品的原有价值，当然这是一个理想状态。除此以外，剩下的只有通过降低成本这一途径来实现利润增加了（图 8-1 ～图 8-3）。

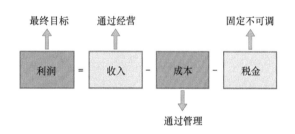

图 8-1　建筑装饰工程利润的组成

二、成本的形式

根据管理的需要和成本的特性，施工项目成本可分为以下不同的形式。

1）预算成本。工程预算成本是各地区室内装饰业的平均成本，它是根据全国或地区统一工程量计算规则、全国或地区统一室内装饰工程基础定额、各地区劳务市场价格和材料价格及价差系数，按照指导性的费率计算的。预算成本是确定工程造价的基础，也是编制计划成本和评价实际成本的依据。

2）计划成本。它是项目实际成本发生之前预先计算的成本。计算依据有：工程的具体条件，实施该项目的具体措施，特别是各种进度计划、采购计划、劳动力工时计划、设备使用计划等。计划成本是进行成本控制和核算的依据。

3）施工成本。它是项目施工过程中实际发生的人、财、物、信息等各项费用的总和。

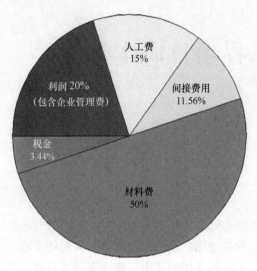

图 8-2　建筑装饰工程总成本的组成

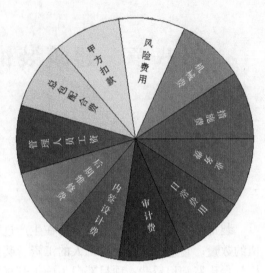

图 8-3　建筑装饰工程间接成本的组成

三、成本的分类

成本分直接成本和间接成本（图 8-4）。

1）直接成本：直接耗用，并直接计入工程对象的费用。

2）间接成本：非直接用于也无法直接计入工程对象，但是为进行工程施工所必需的费用。

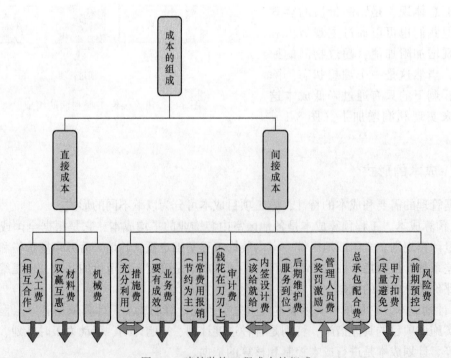

图 8-4　建筑装饰工程成本的组成

四、项目成本的管理原则

项目成本管理是施工项目管理的重要内容，也是施工企业成本管理的基础，在对项目施工进行成本管理时，应遵循以下原则。

1）成本最低化原则。

2）全面成本管理原则。

3）成本责任制原则。

4）成本管理有效化原则。

5）成本管理科学化原则。

五、人工费的控制

项目部和施工班组在人工费上一直处于一种矛盾的状态，班组想多要一点，项目部想少给一点，怎么办呢？只能找一个结合点，双方都认可的比较合理的价格。公司在每个单项子目上都有指导价格，但随着工人工资的不断上涨和地区的差异，和公司的指导价格有了一些偏离，但公司的指导价格是经过测算的，这是基础，在这个基础上可以进行适当调整，比如说石材干挂钢架基层，钢架的含量不同、造型不同，当然付出的人工也不一样，所以要根据自身项目的实际情况进行测算，给出一个双方都能接受的价格。

班组在新项目中协调人工费用时，经常会按照某个特定的项目最高单价计算，我们不应在单项单价上让步，可以根据项目的性质，在取费上双方进行充分沟通商量。例如，北京、上海和江西、山东的取费标准是不一样的，来去的路费，当地的消费水平，房租的费用，都是不一样的；另外，建筑的楼层高低，楼与楼之间的距离，运输的条件不一样，产生的费用也是不一样的。因此我们的原则是单价不能动，只能在取费上做调整，不能把费用体现在单价里面。比如，吊顶封板这个项目在苏州做和在海南做，两省所规定的付出的定额可能是一样的，因此只要有理有据，班组应该也是能接受的。

进度不符合要求，返工罚款，另外由于业主、设计变更或者其他安装单位的原因，造成无谓的窝工、返工；再有就是由于项目部的管理不到位，工序衔接不合理，造成班组人工浪费，所以项目部要站在班组的角度上考虑问题。班组人员的进出、配备，既要科学，能满足施工的进度需要，也要合理安排。材料的提前进场到位，运输路线的提早规划，一定要做到"材料等人"，不能出现"人等材料"的情况，只有让劳动力资源不浪费，班组的产能最大，才能实现双方利益最大化。

控制人工成本的几个方法

1）提高施工环节的成品、半成品化率，将现场制作转入后场生产加工、现场组装，尽量减少现场施工工作量（如吊顶挂片制作、浴缸边矮墙、门套基层、窗帘盒基层等）。

2）改进施工做法，简化施工工艺（如木饰面安装工艺，由"龙骨＋木基层＋木饰面"改为"龙骨干挂＋木饰面"，简化工艺做法，减少人工投入，避免因基层变形造成的质量问题）。

3）加强质量控制，防范质量通病发生（如吊顶转角处采用"L"型加固，如图8-5所示，虽然增加了一点材料成本，但避免了后期吊顶油漆面层开裂问题，节约了大量的维修人工。另外，加固措施所产生费用可以考虑向业主转移，在报价内体现）。

　　4）增加班组引进数量，扶植班组均衡发展。与公司合作的班组虽然很多，但相对于公司日益增多的项目以及业务量的拓展速度来说还是远远不够的，而能够适应超大规模项目及抢工项目所需的班组更少，这一点让项目部与实力较强的班组在价格谈判上很难沟通协调。通过增加班组引入数量、扶植中小班组发展壮大、增强班组间的竞争压力对控制项目人工成本上涨也可以起到一定的作用。

图 8-5　吊顶转角处采用"L"型加固

　　5）项目开工后，班组合同尽早签订。目前人工单价随时间推移不断上涨，所以尽早签订合同可以从一定程度上规避人工上涨的风险。施工班组作为劳务承包商，应该让其承担一定范围内的市场价格风险，合作双方风险共担、利益共享。

　　6）施工过程中对班组签证费用的把控。目前企业对班组合同单价、数量都比较关注，对签证部分的费用不太注重，而且内审对签证所发生的费用也不好进一步核实，多是依据项目部核定费用为准。部分班组也在利用这一点，现场施工项目尽量往签证单上走，造成一个项目签证费用居高不下，难以把控。对此，现场班组上报的签证应先核准工程量，单价尽量参照合同价，没有合同价的参照公司指导价核定。另外应熟悉人工合同，避免合同内包含项目，班组再次报签证，造成重复计费。另外，应多与预算员沟通，明确班组合同工作范围。

六、材料费的控制

　　材料费基本占到项目成本的一半以上，所以材料费的控制是重中之重。合理的材料损耗控制、材料价格的签订，都是每个项目部需要花很大精力去把握的。对材料商的选择可以通过公司的资源整合，再根据项目的特征，找一些信誉度高、合作时间长的供应商，在材料的质量和进度上有一个良好的保障基础。但材料的价格随着市场的行情以及材料的等级不同，价格也是不一样的，所以项目部，特别是项目经理和材料员要对每种材料的价格做到心中有数，这样和供应商谈价格才有底气，不至于被他们牵着鼻子走，造成被动。

　　现在很多项目有甲供材和甲控乙供材，有的甲方参与招标，我们要提前做好准备，和参与的材料商事先充分沟通，或者通过公司的平台优势，让双方做到互惠互利。材料的损耗控制也是一个重点，材料规格的选择、花型、排版都要通过样板进行测算，比如墙纸数量比较大，可以根据层高让厂家进行定尺加工，墙砖石材根据模数放线，调整偏差，尽量做到统一。有一些包死项目，在施工工艺和材料方面，在不影响效果和质量的情况下，找一些价格较低的替代品或通过工艺改良，来减少材料费用的支出。另外，对班组材料的使用损耗控制，项目部要进行考核，不能无谓地造成浪费。材料费的控制是一个项目经营的关键和基础，要在各方面进行严格控制。

　　（1）主要材料采购应询价、招标　在材料招标前，必须对所招标材料的规格、型号、品牌、质量、市场价位进行深入了解，并制定该材料采购质量要求与招标的限价标准。因为供应商参与材料采购投标活动也有其策略性的一面，大部分供应商都考虑了预留二次谈判与经营的空间，一般不会把自己的价格底线首先暴露出来，这就得需要我们依据前期对招标材料规格、型号、品牌、质量以及市场价位的深入了解，通过与供应商谈判的方式，不断地挤出其报价中的价格水分，这样我们才能将材料在采购方面的风险降至最低，在谈判中处于主动，为项目获取更大的经营空间。

在材料采购供应商的选择上，首先应该考虑材料直接生产厂商或是区域总代理，尽可能减少中间供应环节，降低材料采购成本。在同质同价基础上应考虑项目所在地的供应商，以减少材料运输费用及运输过程中材料损耗造成的成本增加。另外，还需要多给一些新兴供应商参与的机会。在实际操作中，材料采购合同中的付款方式都在向前期合作过的供应商做一些或多或少的倾斜，这一点表面上讲是对公司有利，可降低材料采购风险，但同时也在无形之中缩小了公司对材料供应商的选择范围，造成每次招标均是老面孔，上至公司下到项目部连谈判的意愿都在不断下降，毫无竞争意识，有悖于材料采购招标的初衷，更是对公司的不断发展壮大有所不利。所以在这一点上，应不断引入新合作供应商，增强竞争意识，降低采购成本。

（2）转移材料损耗风险　订立承包合同，尽可能签订按实际完成工作量计量的结算方式（如石膏线、石材、木饰面等。苏州新地石膏线为厂家供应、班组安装，石膏线现场安装损耗约为 8%，安装辅材也由项目部提供。而南昌新地项目石膏线签订双包合同，按实际完成量结算，将材料损耗风险与控制责任转嫁于供应商，仅此一项节约成本约 8 万）。

有条件的项目与施工班组签订主材耗用考核协议，调动班组积极性，由被动参与变为主动控制。精装及酒店宾馆项目具有单一房型对应多套房间的特点，在材料用量控制方面具备实施材料用量考核的条件。在项目施工前期，结合报价子目中的清单描述，会同项目施工管理人员、施工班组对照相应施工节点确定最为优化的施工工艺做法，据此分别测算出各主要材料的预计耗用量，并以此作为该材料的红杠线量，与各施工班组长签订材料考核责任状，罚超奖省。材料供应实行班组申请，施工员复核、审批，材料员采购，仓管员入库发放的流程。施工过程中由仓库对班组领料进行记录、动态统计，班组申报材料汇总量超过或是接近红杠线量时予以预警，提请班组、施工员、决算员予以重点关注，查明原由，确认无误方可下单订货。

材料考核制度本身不是为了奖励谁或是惩罚谁，最终的目的是为了节约用料，控制损耗，降低成本。在实际实施过程中，材料红杠线量的确定应该本着实事求是的原则，要基本接近于实际，不能太低，更不可过高。低了影响班组积极性，高了即与材料成本控制目的背道而驰。实际实施中，对于板材、龙骨类材料可按实际用量加下料损耗确定红杠线量；石材、墙地砖按施工排版加搬运损耗确定红杠线量；墙纸类材料按现场裱贴高度结合每卷墙纸长度及对花系数计算出实际损耗率确定红杠线量；对于五金件类材料按图计量，不予考虑损耗，现场有安装损坏由班组凭损坏件到仓库换领。

需强调的是，制订完考核计划要密切跟踪实施过程，及时发现问题、不断调整纠偏，最终实现控制目标。材料考核量确定完后，即要求施工班组严格执行。首先，施工员要将前期确定的各个施工节点的详细工艺做法对施工班组进行全员交底。其次，在班组完成首批各类节点的施工后应进行检查（首检制度），检查前期确定的工艺做法能否满足施工质量要求，检查班组是否严格按交底内容施工。因为之前确定的考核量是基于特定的做法的，如果做法不对，考核也就成为空谈。检查过程中如发现问题应立即进行调整、纠正，而后，班组依据正确的施工工艺继续施工，施工员对施工内容进行全程跟踪检查。这一阶段应注重对班组的监督管理，要统一工人的做法（图8-6、图8-7）。没有严格的检查与监督制度跟进，是很难实施控制计划的。

图 8-6　严格控制完成面尺寸

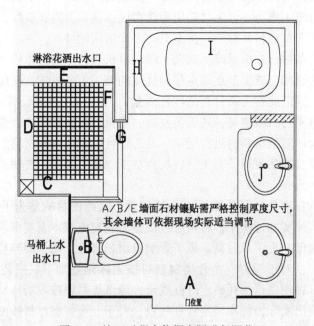

图 8-7　施工过程中依据实际进行调节

（3）改进工艺做法，节约材料，降低成本　实际施工过程中要结合现场实际，在保证质量的前提下改进一些常规做法（如厨房、卫生间吊顶 10mm×15mm 凹槽基层的做法，可以由常规"边龙骨＋副龙骨＋石膏板"，改为直接用"副龙骨＋石膏板"制作）（图8-8、图8-9）。

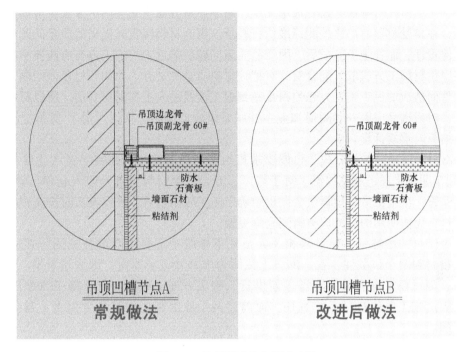

图 8-8　吊顶凹槽节点做法改进

图 8-9　吊顶凹槽节点做法改进

（4）控制好甲供材的质量、用量　甲供材通常甲方会给予施工方一定比例的正常合理损耗，包括仓储、搬运、施工损耗，但这个比值很小，施工中稍有疏忽即有可能大幅超出损耗，而超出部分即需要施工方自行买单。

甲供材的接收与分发应建立严格的制度，材料接收应准确核对入库数量、质量。数量方面应按类别、型号核对确保与送货清单无误；对于质量方面应先会同甲方及供应商明确产品质量标准，在接受材料时严格按此标准执行验货。因为材料接收时提出的质量问题施工方不需承担任何责任，而在施工完成后，因产品质量问题而需返工则施工方有可能要承担人工成本。有些甲供材施工方收取了配合费就有把控材料质量的义务。比如石材色差问题，竣工后因石材色差而造成的返工施工方恐怕很难签到返工涉及的人工和辅材费用。所以材料质量应严格把控，对残次品应第一时间通知业主并联系供应商调换，在送（补）货单上注明为调换，避免结算时重复计量。

对于石材、墙地砖类材料应尽可能要求班组参与核对接收，并签字确认（参与材料考核），以利于明确责任，避免纠纷。对于墙纸、五金件类材料应统一收入仓库，并分类别、型号妥善保管，由施工员、预算员会同班组确定施工领用量后，班组施工时按需领用，班组领用的材料有无法使用的应持该材料到仓库更换。

对于甲供材的增补量，项目部相关人员在下单时一定要注明增补原因，并通知仓管在接受该批材料时予以关注，在入库单上注明为增补并记录原由。因为增补有三种原因：甲方变更、因材料本身质量问题需重新供货、施工方施工原因。对于施工方原因造成的增补量，需由施工单位自行承担责任，而前述两个原因则应由其各自担责，避免在结算时责任不明。

七、间接成本的控制

1）措施费的控制：每个项目的措施费也不少，有些是固定的，有些是必须花费的，但对于一些临时设施，可以通过区域项目的整合，合理分配利用。

2）业务费的控制：业务费是项目承接和延续需要付出的费用，项目部和业务部门要充分沟通，既要满足项目承接过程中兑现的一些承诺，也要尽量减少支出，保证花费要有效果。

3）日常费用报销：尽量以节约为主，比如说纸张，可以重复利用的要重复利用，日常与业主、监理沟通需要花费的餐费等也要适可而止。

4）审计费用：钱要花在刀刃上，费用使用要合理、合法。

5）内签设计费：深化设计也是项目顺利进行的一个保障，深化部门有付出当然项目上要支付相应费用。

6）后期维修费：前期施工质量越好，后期维修费用也就越少。另外，施工方服务态度的好坏在很大程度上也能减少维修费用的支出。

7）管理人员工资和奖金：项目上的管理人员的费用支出可以根据项目的经营情况合理支配。

8）总承包服务费：总承包人为配合、协调建设单位进行的专业工程发包，对建设单位自行采购的材料、工程设备等进行保管以及施工现场管理、竣工资料汇总整理等服务所需的费用。

9）甲方扣款：每个项目要尽量避免让甲方扣款，甲供材的领用和损耗要严格控制，有些必须的损耗和预留量要事先和甲方沟通好，做好解释工作。

10）风险费用：现在项目的质量风险和工期风险越来越大，除了在前期签订合同时尽量避免出现或者设定罚款上限，在项目施工过程中要时刻警惕，把合同中约定的风险条款经常拿出来对照，如果是由于业主自身原因或者其他单位的原因，一定要做好原始有效记录，为今后规避风险打下基础。

第二节　建筑装饰工程项目成本控制与核算

成本核算对象应根据工程合同的内容、施工生产的特点、生产费用发生情况和管理上的要求来确定。成本核算对象划分要合理，在实际工作中，往往划分得过粗，把相互之间没有联系或联系不大的单项工程或单位工程合并起来，作为一个成本核算对象，不能反映独立施工的工程实际成本水平，不利于考核和分析工程成本的升降情况；当然，成本核算对象如果划分得过细，会出现许多间接费用需要分摊，增加核算工作量，又难以做到成本准确。

一、成本核算对象划分的方法

1）装饰工程一般应以每一独立编制施工图预算的分部工程作为成本核算对象。独立招标投标的装饰工程可以作为独立的单位工程进行工程成本核算。

2）规模较大的装饰工程，可以将工程划分为若干分部分项工程作为成本核算对象。

3）装饰工程中涉及建筑改扩建、安装、古建等分部工程的，固定定额标准不同，可分别作为成本核算对象。

4）工程成本明细账的建立和成本核算对象确立后，所有的原始记录都必须按照确定的成本核算对象填制，为集中反映各个成本核算对象应负担的生产费用，应按每一成本核算对象设置工程成本明细账，并按成本项目分设专栏，以便计算各成本核算对象的实际成本。

二、成本核算程序

1）对所发生的费用进行审核，以确定应计入工程成本的费用和计入各项期间费用的数额。

2）将应计入工程成本的各项费用，区分为哪些应当计入本月的工程成本，哪些应由其他月份的工程成本负担。

3）将每个月应计入工程成本的生产费用，在各个成本对象之间进行分配和归集，计算各工程成本。

4）对未完工程进行盘点，以确定本期已完工程成本。

5）将已完工程成本转入"工程结算成本"科目中。

6）结转期间费用。

三、建立成本核算的制度

1）建立成本核算的原始记录管理制度。

2）建立成本计量验收制度。

3）建立财产、物资的管理与清查盘点制度。

4）建立成本内部价格核算制度。

5）建立成本内部稽核制度。

四、成本控制运行

1）项目经理部应坚持按照增收节支、全面控制、责权利相结合的原则，采用目标管理的方法对实际施工成本等发生过程进行有效控制。

2）项目经理部根据计划目标成本的控制要求，做好施工采购策划。通过生产要素的优化配置，合理使用、动态管理，有效控制实际成本。

3）项目经理部应加强施工定效管理和施工任务单管理，控制活动动机和物化劳动的消耗。

4）项目经理部应加强施工调度，避免因施工材料计划不同和盲目调度造成窝工损失、机械利用率降低、物料积压等而使施工成本增加。

5）项目经理部应加强施工合同管理和施工索赔管理，正确运用施工合同条件和有关法规，及时进行索赔。

五、成本费用核算与分配

工程成本核算就是将工程施工过程中发生的各项生产费用，根据有关资料，通过"工程施工"分科目进行汇总，然后再直接或分配计入有关的成本核算对象，计算出各个工程项目的实际成本。成本核算总的原则是：能分清受益对象的直接计入，分不清的需按一定标准分配计入，各项费用的核算方法如下。

1）人工费的核算：装饰工程一般采用定额人工工资或合同约定的工程量单价制度。项目经理部可根据项目以计时、计件或分项承包约定的形式确定人工费。劳资双方应就约定的形式和价格签订合法的协议，并按实际施工的工程量计算。另外，加班奖励费、国家规定的各类劳动保护费等均应列入劳动力成本。

2）材料费的核算：应根据发出材料的用途，划分工程耗用与其他耗用的界限，只有直接用于工程所耗用的材料才能计入成本核算对象的"材料费"成本科目，为组织和管理工程施工所耗用的材料及各种施工机械所耗用的材料，应先分别通过"间接费用""机械作业"等科目进行归集，然后再分配到相应的成本项目中。

3）材料费的归集和分配的方法：凡领用时能够点清数量、分清用料对象的，应在领料单上注明成本核算对象的名称，财务统计据以直接汇总计入成本核算对象的"材料费"项目；领用时虽然能点清数量，但属于集中配料或统一下料的，则应在领料单上注明"集中配料"，月末由材料部门根据配料情况，结合材料耗用定额编制"集中配料耗用计算单"，据以分配计入各受益对象；既不易点清数量、又难分清成本核算对象的材料，可采用实地盘存制计算本月实际消耗量，然后根据核算对象的实物量及材料耗用定额编制"大堆材料耗用计算单"，据以分配计入各受益对象；周转材料、低值易耗品应按实际领用数量和规定的摊销方法编制相应的摊销计算单，以确定各成本核算对象应摊销费用数额。

4）机械使用费的核算：租入机械费用一般都能分清核算对象；自有机械费用，应通过"机械作业"归集并分配。其分配方法如下：可采用台班分配法，即按各成本核算对象使用施工机械的台班数进行分配，此方法比较适用于单机核算的情况。也可以采用预算分配法，即按实际发生的机械作业费用占预算定额规定的机械使用费的比率进行分配，这种方法适用于不便计算台班的机械使用费。还可以采用作业量分配法，即以各种机械所完成的作业量为基础进行分配,如以"吨""公里"计算汽车费用。

5)间接费用的核算:间接费用的分配一般分两次,第一次是以人工费为基础将全部费用在不同类别的工程以及对外销售之间进行分配;第二次分配是将第一次分配到各类工程成本和产品的费用再分配到本类各成本核算对象中。分配的标准是,建筑工程以直接费为标准,安装工程以人工费为标准,产品(劳务、作业)的分配以直接费或人工费为标准。

六、工程成本的计算

施工企业应在工程期末对未完工程进行盘点,按照预算定额规定的工序,折合成已完部分分项工程量,再乘以该部分分项工程预算单价,以计算出期末未完工程成本。

七、成本核算应注意三个问题

1. 成本的均衡性问题

施工的过程分三个阶段,人、材、物的投入也不同,每个阶段的成本核算也都有其特点,在实际工作中应注意以下问题。

(1)筹建期存在的问题　施工项目在筹建期间是没有产值的,费用除计入固定资产及福利费以外,其余一般应计入"长期待摊费用"科目,工程开工后分期摊入成本。也就是说,成本费用在当期不体现,这样可以避免工程项目在筹建期就出现人为亏损的现象。

(2)正常施工期存在的问题　冬季有部分分项工程不能施工,但也要有费用发生,发生的费用应计入工程成本,属于未完工程性质的应计入相应科目核算。

(3)收尾阶段存在的问题　正常施工期应对收尾的费用予以充分估计,通过预提费用计入成本,这样可以防止工程先盈后亏,也能保证工程收尾阶段有足够的资金支持。

2. 分包工程核算问题

分包工程分两种形式:一种是作为自行完成工作量,另一种是不作为自行完成工作量。作为自行完成工作量的分包工程在核算上自然与自营工程相同;不作为自行完成工作量的分包工程在核算上与自营工程没有本质性的差别,在实际工作中,分包工程的核算往往是以款项的支付为依据,而不是采取应收应付制。

3. 成本口径差异问题

施工企业成本核算的特殊方式主要是通过预算成本来衡量实际成本的节约和超支,但目前二者的口径有许多不同。

1)预算上的施工管理费项目与会计核算内容的不同,例如,会计上的管理费用,期末转至当期损益,该项费用只与时间相关。

2)预算上的其他间接费项目与会计核算内容的不同,预算上的其他间接费项目中的劳动保险费与会计核算中管理费用劳动保险费相对应;其他间接费用项目中的临时设施费与会计核算有所不同,会计上通过"临时设施"科目归集临时设施费用,并通过"工程施工其他直接费"科目摊销。

3)因为预算与会计是两个不同体系,预算成本与实际成本总是存在一些差异。

4)预算上没有的项目,实际中可能发生的费用。

八、成本核算与项目管理的关系

装饰施工企业由于工程项目点多、战线长、分布面广,项目上的分权管理已经造成企业高层管理机构宏观上不同程度的失控，造成成本信息失真，实行目标成本管理是一个好办法。目标成本是预计收入与目标利润的差额，对于工程项目而言，目标利润只有达到企业所要求的水平，目标才能实现。目标成本管理强调的是有为而治，而不是问题出现了才去补救。

成本核算的几个相关问题：

1）必须明确成本核算只是一种手段，运用它所提供的一些数据来进行事中控制和事前预测，才是它的目的。

2）必须明确成本核算不只是财务部门、财务人员的事情，而是全部门、全员共同的事情。

3）必须提高财务人员自身业务素质，成本核算人员不仅对成本钻研，而且要掌握施工流程、工程预算等相关知识。

4）必须提高财务人员地位，参与成本决策，使企业一切经济活动按照预定的轨道进行。

第三节　建筑装饰工程项目成本管理的分析方法、内容和考核

装饰施工项目成本分析是在成本形成过程中，对装饰施工项目成本进行的评价和剖析总结工作，将贯穿施工项目成本管理的全过程。

一、施工项目成本分析方法

1. 对比法

按照量价分离的原则，分析影响成本节超的主要因素。包括：①实际工程量与预算工程量的对比分析。②实际消耗量与计划消耗量的对比分析。③实际采用价格与计划价格的对比分析。④各种费用实际发生额与计划支出额的对比分析。

2. 连环替代法

在确定施工项目成本各因素对计划成本影响的程度时进行成本分析。

二、成本考核的内容

成本考核是施工项目成本管理的最后环节，搞好成本管理有利于贯彻落实责、权、利相结合的原则，促进成本管理工作的提高。对施工成本的目标考核涉及以下各个方面。

1）对项目经理成本管理考核的内容。

2）对施工员成本管理考核的内容。

3）对施工班组成本考核的内容。

加强对施工班组长的素质教育，使其养成节约材料、节约能源的习惯。把合理利用边角料、减少材料浪费、提高施工速度和施工质量作为工人考核的标准，制订奖惩制度，从而降低成本、提高效益。

三、成本考核的方法

1. 成本考核应分层进行

企业对项目经理部进行成本管理考核；项目经理部对项目内部各岗位及各作业队进行成本管理考核。

2. 评分制考核

按考核内容评分，按责任成本完成情况和成本管理工作业绩的比例评分。

3. 成本考核与相关指标完成情况相结合

成本考核的评分是奖惩的依据，相关指标的完成是奖惩的条件。计分评奖要参考进度、质量、安全和现场标准化管理等因素。

4. 强调成本考核的中间考核

一是月成本考核，在编制好月成本报表后，根据月成本报表的内容结合成本分析和施工生产、成本管理的实际情况进行考核；二是阶段成本考核，根据工程实际情况，可将工程分成几个阶段进行成本考核。

四、降低成本的途径

1）认真进行图纸会审，积极提出修改意见。

2）加强合同预算管理。

3）制订先进、经济合理的施工方案。

4）降低材料成本。

5）制订职工奖惩制度，调动职工生产积极性。

【基础练习题】

1. 什么是装饰工程项目成本管理？

2. 试述室内装饰工程项目成本的构成。

3. 项目成本管理的原则是什么？

4. 成本考核的目的与内容是什么？

5. 什么是施工项目成本因素分析法？

6. 降低施工成本的途径有哪些？

7. 施工项目成本控制的意义是什么？

8. 项目经理的考核内容与职责是什么？

【实训练习题】

1. 要求实习学生了解所在项目是如何进行成本管理与控制的。

2. 掌握施工项目成本核算的方法。

第九章 建筑装饰工程竣工验收

第一节 建筑装饰工程竣工验收的依据、程序和
工程资料管理

一、竣工验收的依据

装饰工程竣工验收的依据，除了必须符合国家规定的竣工验收标准之外，在进行工程竣工验收和办理工程移交手续时，还应以下列文件为依据。

1）建设单位同施工单位签订的工程承包合同。

2）工程设计文件（包括装饰工程施工图纸、设计文件、图纸会审记录、设计变更洽商记录、各种设备说明书、技术核定单、设计施工要求等）。

3）国家现行的装饰工程施工及验收规范。

4）相关的国家现行施工验收规范。

5）甲、乙双方特别约定的装修施工守则或质量手册。

6）分部分项工程的质量检验评定表。

7）有关施工记录和构件、材料合格证明文件。

8）上级主管部门的有关工程竣工的文件和规定。

9）引进技术或进口成套设备的项目还应按照签订的合同和国外提供的设计文件等资料进行验收。

10）凡属施工新技术，还应按照双方签订的合同书和提供的设计文件进行验收。

二、竣工验收的程序

1. 竣工自检（竣工预验）

1）承包方首先自行组织预验收。一方面检查工程质量，发现问题及时补救；另一方面检查竣工图及技术资料是否齐全，并汇总、整理有关技术资料。

2）自检的标准应与正式验收一样，主要依据是国家（或地方政府主管部门）规定的竣工标准。检查工程完成情况是否符合施工图纸和设计的使用要求；工程质量是否符合国家和地方政府规定的标准和要求；工程是否达到合同规定的要求和标准等。

3）参加自检的人员，应由项目经理组织生产、技术、质量、合同、预算以及有关的施工工长（或施工员、工号负责人）等共同参加。

4）自检的方式，应分层、分段、分房间地由自检人员按照自己主管的内容根据施工和工艺流程逐项进行检查，找出漏项和需修补工程，及时处理和返修。在检查中要做好记录，并指定专人负责，按期修理完毕。如发现较重大的工程质量问题，无论是设计原因或施工原因，均需在初验会议上研究并提出处理方案。

5）复验。在基层施工单位自检并对查出的问题全部解决后，进行复验，解决全部遗留问题，为正式验收做好充分的准备。

2. 正式验收

1）发出《竣工验收通知书》。施工单位应于正式竣工验收之日的前10d，向建设单位发送《竣工验收通知书》。

2）施工单位向建设单位递交竣工资料。

3）建设单位组织施工单位和设计单位对工程质量进行检查验收。

① 举办集中会议，介绍工程概况及装饰施工的有关情况。

② 分组分专业进行检查。

③ 分组汇报检查情况。

④ 提出验收意见，评定质量等级，明确具体交接时间、交接人员。

4）签发《竣工验收证明书》并办理工程移交。在建设单位验收完毕并确认工程符合竣工标准和合同条款规定要求以后，即应向施工单位签发《竣工验收证明书》，建设单位、设计单位、质量监督站、监理单位、施工单位及其他有关单位在《竣工验收证明书》上签字。

5）施工单位与建设单位签订交接验收证明书，并根据承包合同的规定办理结算手续，除合同注明的由承包方承担的保修工作外，双方的经济、法律责任即可解除。

6）在交工过程中发现需返修或补做的项目，可在竣工验收证明书或其附件上注明修补工程竣工期限。

7）进行工程质量评定。

8）办理装饰工程档案资料移交。

9）办理装饰工程移交手续。

三、工程资料管理

对与本工程建设有关的重要活动、记载工程建设主要过程和现状、具有保存价值的各种载体的文件，收集齐全并整理立卷后归档。

1. 竣工工程验收资料的内容

1）工程项目开工报告。

2）工程项目竣工报告。

3）分项、分部工程和单位工程技术人员名单。

4）图纸会审和设计交底记录。

5）设计变更通知单。

6）技术变更核定单。

7）工程质量事故发生后的调查和处理资料。

8）水准点位置、定位测量记录。

9）材料、设备、构件的质量合格证明资料，生产厂家的质量保证资料。

10）试验、检验报告。

11）隐蔽工程验收记录及施工日志。

12）竣工图。

13）质量检验评定资料。

14）工程竣工验收资料。

2. 工程竣工图的绘制

竣工图是装饰工程今后进行交工验收、维护管理的主要依据，它必须与竣工工程的实际情况完全吻合；保证绘制质量，规格统一、字迹清晰，符合技术档案的各种要求；经主要技术负责人审核、签字，同时应满足以下要求。

1）施工过程中未发生设计变更、完全按图施工的建筑工程，可在原施工图纸（新晒的图纸）上注明"施工图"标志，作为竣工图使用。

2）施工中虽然有一般性的设计变更，但没有较大的结构性的或重要管线等方面的设计变更，可以在原施工图纸上修改或补充，不再重新绘制竣工图。由施工单位在原施工图纸（新图纸）上，清楚地注明修改后的实际情况，并附以设计变更通知书、设计变更记录及施工说明，然后注明"竣工图"标志，即可作为竣工图。

3）若工程的结构形式、标高、施工工艺、平面布置等有重大变更，原施工图不再适用，此时应按照变更后的实际工程情况重新绘制新图纸，并注明"竣工图"标志。

3. 工程档案资料的内容

工程档案资料是工程的永久性技术文件，其内容包括：

1）开工文件。

2）消防报建审批书。

3）工程质量监督注册登记表。

4）开工证。

5）安全生产许可证。

6）消防许可证。

7）设计文件（施工图及设计变更）、施工计划图、进度表和施工日志。

8）施工记录、会议纪要、分项作业指导书及工程安全资料等。

9）施工技术资料。包括：原材料、半成品、成品出厂质量证明和质量检验报告；钢结构用钢材及配件，焊条、焊剂及焊药，防水材料施工试验记录；钢筋焊接、钢结构焊接施工记录；结构吊装记录；现场预应力张拉施工记录；各分部分项工程施工记录；防水工程试水试验及其他检查记录；质量事故处理记录；施工测温记录；其他有特殊要求的工程施工记录；预检记录；隐蔽工程验收记录。

10）电气安装工程施工技术资料。包括：电气设备、材料合格证与产品检验报告；预检记录；隐蔽工程验收记录；绝缘电阻、接地电阻测试记录；电气设备安装和调整试验试运转记录。

11）施工组织设计与技术交底。

12）工程质量检验评定资料。包括：所有分项工程应有质量评定表，完工后应按分部工程进行汇总；所有分部工程完成后，应进行分部汇总和评定，其中地基基础、主体分部工程质量需要企业质量、技术部签证；单位工程质量综合评定表。

13）竣工验收资料。包括：施工单位、建设单位和设计单位三方签认的竣工验收单；质量监督部门的质量核定书；设计变更记录；洽商记录；竣工图。

4. 工程档案资料的质量要求

1）归档的工程文件应为原件。

2）工程文件的内容及其深度必须符合国家有关工程勘察、设计、施工、监理等方面的技术规范、标准和规程。

3）工程文件的内容必须真实、准确，与工程实际相符合。

4）工程文件应采用耐久性强的书写材料，如碳黑墨水、蓝黑墨水，不得使用易褪色的书写材料，如红色墨水、纯蓝墨水、圆珠笔、复写纸、铅笔等。

5）工程文件应字迹清楚，图样清晰，图表整洁，签字盖章手续完备。

6）工程文件中文字材料幅面尺寸规格宜为 A4 幅面（297mm×210mm）。图纸宜采用国家标准图幅。

7）工程文件的纸张应采用能够长期保存的、耐久性强的纸张。图纸一般采用蓝晒图。竣工图应是新蓝图。计算机出图必须清晰，不得使用计算机出图的复印件。

8）所有竣工图均应加盖竣工图章。

9）利用施工图改绘竣工图，必须标明变更修改依据；凡施工图结构、工艺、平面布置等有重大改变，或变更部分超过图面 1/3 的，应当重新绘制竣工图。

10）不同幅面的工程图纸应按《技术制图 复制图的折叠方法》（GB/T 10609.3—2009）统一折叠成 A4 幅面（297mm×210mm），图纸栏露在外面。

5. 工程档案资料归档要求

1）工程档案资料归档应按《基本建设项目档案资料管理暂行规定》等有关规定执行，并满足招标人对档案资料管理的要求，在工程施工过程中及时收集、汇总、整理工程档案。

2）在竣工后 15d 内移交完竣工资料并配合总承包方组织有关验收单位进行审查和工程总验收，竣工资料的内容和完整性必须符合国家相关标准。

3）公司提交的竣工资料保证做到齐全、可靠、整洁。

第二节　建筑装饰工程竣工验收的准备与管理

一、建筑装饰工程竣工验收准备

建筑装饰工程的施工技术措施是竣工验收的关键。项目经理部必须严格贯彻执行质量检验的有关规定，抓好施工过程的质量控制，确保各环节、各部位的工程质量，切实做到自检、互检、交接检。

1）工程项目落实三检制是确保工序质量的基础。施工班组必须认真执行自检、互检、交接检制度，在工序或分项工程施工中和施工完后，操作者和班组必须按标准进行自检并做出记录，达到合格标准后由工长组织检查验收，经验收合格后方可进行下道工序。

2）预检。需要预检的工序，由各施工队负责人组织有关人员进行预检验收，并按有关文件中的要求填写预检记录，上交工程项目经理部。

3）隐蔽工程检查验收（表9-1）。凡属隐蔽工程检查的项目（含土建、暖卫、电气），在班组自检合格的基础上，由项目经理组织项目部技术主管、质量检验员等参加检查验收，合格后由项目部质检员填写"隐蔽工程检查验收记录"并通知监理进行隐蔽工程检查验收（图9-1、图9-2）。隐蔽工程检查合格后，由建设、监理代表签字后将记录存档，并作为下道工序的依据。未经隐蔽工程检查或隐蔽工程检查不合格的，不得进入下道工序施工。

表 9-1 隐蔽工程验收项目

序　号	验收项目
1	地面工程（防水层，一般只有卫生间和厨房才有）
2	抹灰：内、外墙抹灰张挂的钢丝网（起加强连接成整体的作用）
3	门窗（固定件、螺钉）
4	吊顶（龙骨）
5	轻质隔墙（隔墙的材料、固定件）
6	饰面板、饰面砖（骨架安装）
7	幕墙（螺栓、预埋钢板）
8	裱糊与软包（被包住的材料）
9	细部（扶手和栏杆中的预埋螺栓）

图 9-1 墙面干挂石材预埋件隐蔽工程验收

图 9-2 顶面轻钢龙骨吊顶隐蔽工程验收

4）分项工程质量验评。分项工程质量验评是评定分部分项工程质量等级的基础。分项工程施工结束后，在班组自检的基础上，由项目部技术主管组织质量员、施工队负责人、工长、班组长参加，进行检查验收。合格后由质量员填报分项工程质量检验评定表，核定质量等级。凡分项工程质量达不到合格或未完成预定等级的，应进行返修。未达到合格标准前不得进行下道工序施工。

5）分部工程质量验评。分部工程完成后由各工程施工负责人将本施工队工程分部所有分项工程质量验评进行整理、检查、统计，填写分部工程质量验评表，同时将有关质量保证资料整理齐全，由项目部技术主管组织有关人员对分部工程质量进行验收。

6）单位工程质量验评及竣工验收。单位工程完工后，由项目经理组织有关人员对工程进行全面检查。项目经理部应在完成施工项目竣工验收合格的基础上向发包人发出预约竣工验收通知书，说明拟交工项目情况，商定有关竣工验收事宜。

二、建筑装饰工程竣工验收管理

经过招标投标或单独签订施工合同的单位工程，竣工后可单独进行竣工验收。在一个单位工程中满足规定交工要求的专业工程，可征得发包人同意，分阶段进行竣工验收。

工程项目已按设计要求全部施工完成，符合规定的建设项目竣工验收标准，可由发包人组织设计、施工、监理等单位进行工程项目竣工验收，中间竣工并已办理移交手续的单项工程不再重复进行竣工验收。

建筑装饰工程竣工验收是建筑装饰工程投资效益转入生产和使用的标志，同时也是建筑装饰工程施工项目管理的一项重要工作。装饰工程项目竣工验收的交工主体是承包人（乙方），验收主体是发包人（甲方）。建筑装饰工程竣工验收的施工项目必须具备规定的交付竣工验收的条件。

1．竣工验收应具备的条件

1）完成装饰工程设计和合同规定的内容。

2）有完整的技术档案和施工管理资料。

3）有工程使用的主要装饰材料、装饰构配件和设备的进场试验报告。

4）有设计、施工、监理等单位分别签署的质量合格文件。

5）有施工单位签署的装饰工程质量保证书等。

2．竣工验收依据

竣工验收标准的依据是批准的设计文件、施工图、设计变更通知书、设备技术说明书、有关装饰工程施工文件，以及现行的施工技术验收规范、双方签订的施工承包合同协议及其他文件等。

3．竣工验收内容（表9-2）

表9-2 建筑装饰工程验收内容

序号	工程类别	验收内容
1	抹灰工程	材料复验、工序交接检验、隐蔽工程验收
2	门窗工程	门窗工程应对下列材料及其性能指标进行复验：人造木板的甲醛含量；建筑外墙金属窗、塑料窗的抗风压性能、空气渗透性能和雨水渗透性能；预埋件和锚固件；隐蔽部位的防腐、嵌填处理

（续）

序号	工程类别	验收内容
3	吊顶工程	吊顶工程应对下列隐蔽工程项目进行验收：吊顶内管道、设备的安装及水管试压；木龙骨防火、防腐处理；预埋件或拉结筋、吊杆安装；龙骨安装；填充材料的设置
4	轻质隔墙工程	轻质隔墙工程复验、交接检验及隐蔽工程验收。主体结构完成后经相关单位检验合格。轻质隔墙工程应对下列隐蔽工程项目进行验收：隔墙中设备管线的安装及水管试压；木龙骨防火、防腐处理；预埋件或拉结筋、龙骨安装；填充材料的设置
5	饰面板（砖）工程	饰面板（砖）工程应对下列材料及其性能指标进行复验：室内用花岗石（大于200m^2）的放射性指标；粘贴用水泥的凝结时间、安定性和抗压强度；外墙陶瓷面砖的吸水率；寒冷地区外墙陶瓷面砖的抗冻性；外墙饰面砖样板件粘结强度；后置埋件的现场拉拔检测
6	涂饰工程	涂饰工程工序交接检验、样板间（件）检验。工序交接检验要求涂饰基层检验合格
7	地面工程	地面工程应对下列材料及性能进行复验：地面装饰材料按国家现行标准复验；防水材料的复验；地面一次、二次蓄水试验。建筑地面下的沟槽、暗管敷设；基层（垫层、找平层、隔离层、填充层、防水层）做法；穿地面管道根部处理
8	防水工程	防水工程材料应对下列材料进行复验：高聚物改性沥青防水卷材对拉力、最大拉力时延伸率、不透水性、柔度、耐热度进行复验；合成高分子防水卷材应对断裂拉伸强度、扯断伸长率、不透水性、低温弯折性进行复验；合成高分子防水涂料和聚合物乳液建筑防水涂料应对断裂延伸率、拉伸强度、低温柔性、不透水性（或抗渗性）进行复验
9	裱糊、软包及细部工程	软包及细部工程装饰材料应按国家现行标准复验。裱糊、软包工程交接检验要求基层检验合格

4. 竣工验收组织

建设单位组织勘察、设计、施工、监理等单位和其他有关专家组成验收组，根据工程特点，下设若干个专业组。

1）验收组（表9-3）。

表9-3 建筑装饰工程验收组

组 长	
副 组 长	
组 员	

2）专业组（表9-4）。

表9-4 建筑装饰工程验收专业组

专业类别	组 长	副组长	组 员
建筑工程			
建筑设备安装工程			
通信、电视、燃气等工程			

5. 竣工验收程序

1）建设单位主持验收会议。

2）建设、勘察、设计、施工、监理单位介绍工程合同履约情况和在工程建设各个环节执行法律、法规和工程建设强制性标准情况。

3）审阅建设、勘察、设计、施工、监理单位的工程档案资料。

4）验收组实地查验工程质量。

5）专业验收组发表意见，验收组形成工程竣工验收意见并签名。

6. 装饰施工质量验收的强制性规定

1）装饰装修材料产生的环境污染物的控制种类有氡、甲醛、氨、苯和挥发性有机化合物。民用建筑工程根据控制室内污染的不同要求，划分为以下两类：一是环境污染物的浓度限量；二是无机非金属装饰材料放射性指标限量。

2）室内装饰施工中选用材料的强制性条文和有关规定，对装饰材料如人造木板、饰面人造木板、无机非金属、木地板、石材、水性涂料、水性胶粘剂、水性处理剂等必须有相关的测试文件（报告）。

3）装饰施工及环境质量验收的强制性条文和有关规定，主要有装饰装修材料质量验收强制性条文及有关规定；装饰装修工程施工与工程质量验收强制性条文及有关规定；抹灰、门窗、吊顶、饰面板（砖）及细部工程质量验收的强制性条文及有关规定等。

第三节　建筑装饰工程竣工验收、移交和善后工作处理

一、制订项目验收的计划

建筑装饰工程完工后，施工企业或项目经理部应通知业主及相关部门进行工程验收。项目经理部要编制详细的竣工收尾工作计划，并严格按照计划组织实施工程验收的准备工作，及时沟通、协助验收。

二、项目符合验收的条件

全部竣工计划项目已经完成，符合工程竣工报验条件；工程质量自检合格，中间验收检查记录齐全（图9-3～图9-6）。

图9-3　地面工程（踢脚线）验收

图9-4　顶棚工程（石膏板）验收

图 9-5　顶棚工程（矿棉板）验收

图 9-6　顶棚工程（铝板）验收

设备安装经过调试，具备单机试运行要求；工程四周规定距离以内的工地达到完工、料净、场清；工程技术经济文件收集、整理齐全等。

三、项目竣工验收

项目施工企业要按工程质量验收标准组织专业人员和有关部门进行质量检查评定，实行监理的项目应邀请相关监理机构进行初步验收。初步验收合格后，施工企业或项目管理部门应向业主提交工程竣工报告，约定有关项目竣工移交手续。业主要按项目竣工验收的法律、行政法规的规定，一次性或分阶段竣工验收。

四、项目竣工文件归档

项目竣工验收应根据批准文件和工程实施文件进行。达到国家法律、行政法规对竣工条件的规定和合同约定的竣工验收要求后，提出工程竣工验收报告，项目有关管理人员和相关组织应签署验收意见，签名并加盖单位公章后归入工程档案。其他工程文件也应按照国家发布的现行标准，如《建设工程文件归档整理规范》《科学技术档案案卷构成的一般要求》等要求进行归档。移交的工程文件应与编制的清单目录一致，并且须有交接的签字手续以符合移交的规定。

五、项目验收过程中的其他相关事项处理

1）竣工验收在工程质量、室内空气质量及经济方面存在个别的不涉及较大问题时，经双方协商一致签订解决竣工验收遗留问题协议（作为竣工验收单附件）后亦可先行入住。

2）在一般情况下，工程自验收合格双方签字之日起，在正常使用条件下装饰装修工程保修期限为两年。

六、项目竣工后要做的工作

工程施工结束后，大部分施工人员撤离现场，管理人员应选择少数技术好、责任心强、能胜任的多面手，带领他们留守施工工地，进行善后工作，主要做好以下几个方面的工作。

1）工程竣工结算。项目竣工结算的编制、审查、确定，按住建部《建筑工程施工发包与承包计价管理办法》以及有关规定执行。项目经理部要编制项目竣工结算的一般资料，

并连同竣工结算报告一起交给业主，双方应在规定的时间内进行竣工结算核实，若有不同意见，应及时协商沟通，按照合同约定的方式进行相应的修改，达成共识。

2）项目竣工决算。项目工程竣工后，项目经理部应依据工程建设资料并按照国家相关规定编制项目竣工决算，决算的内容应符合财政部的规定。决算要反映建设项目的实际造价和投资效果。计算实际工程量，进行成本核算，作为今后估价的参考资料。

3）工程收尾工作。认真检查各施工项目的质量，有缺陷的地方限期改善、修整。对隐蔽的部位尤其需要仔细检查。

4）现场清洁工作。清理工地，对涂饰面与非涂饰面之间分界处的涂料污点应彻底清除干净，所有玻璃及镜面应擦拭干净。

5）填写完工报表，呈请甲方检查验收、签证。现场机具、余料撤场，收缴机具，清点数量，检查是否有损坏，如有损坏按不同情况提出处理意见。剩余材料应整理捆绑，对易损易污材料加以保护，合理装车，避免造成不应有的经济损失。

七、项目回访与保修

承包人在施工项目竣工验收后针对使用状况和质量问题向用户进行访问了解，并按照有关规定及工程质量保修书的约定，在保修期内对发生的质量问题进行修理并承担相应经济责任。

1. 一般规定

1）回访保修的责任应由承包人承担，承包人应建立施工项目交工后的回访与保修制度，听取用户意见，提高服务质量，改进服务方式。

2）承包人应建立与发包人及用户的服务联系网络，及时取得信息，并按计划、实施、验证、报告的程序，搞好回访与保修工作。

3）保修工作必须履行施工合同的约定和工程质量保修书中的承诺。

2. 回访

1）回访应纳入承包人的工作计划、服务控制程序和质量体系文件。

2）承包人应编制回访工作计划，工作计划应包括下列内容。

① 主管回访保修业务的部门。

② 回访保修的执行单位。

③ 回访的对象（发包人或使用人）及其工程名称。

④ 回访时间安排和主要内容。

⑤ 回访工程的保修期限。

3）执行单位在每次回访结束后应填写回访记录；在全部回访后，应编写回访服务报告。主管部门应依据回访记录对回访服务的实施效果进行验证。

3. 回访方式

1）电话询问、会议座谈、半年或一年的例行回访。

2）夏季重点回访屋面及防水工程和空调工程、墙面防水，冬季重点回访采暖工程。

3）对施工过程中采用的新材料、新技术、新工艺、新设备工程，回访使用效果或技术状态。

4）特殊工程的专访。

4. 保修

1）工程质量保修书中应具体约定保修范围及内容、保修期、保修责任、保修费用等。

2）保修期为自竣工验收合格之日起计算，在正常使用条件下的最低保修期限。

3）在保修期内发生的非使用原因的质量问题，使用人应填写工程质量修理通知书告知承包人，并注明质量问题及部位、联系维修方式。

4）承包人应按工程质量保修书的承诺向发包人或使用人提供服务。保修业务应列入施工生产计划，并按约定的内容承担保修责任。

5）保修经济责任应按下列方式处理。

①由于承包人未按照国家标准、规范和设计要求施工造成的质量缺陷，应由承包人负责修理并承担经济责任。

②由于设计人造成的质量缺陷，应由设计人承担经济责任。当由承包人修理时，费用数额应按合同约定，不足部分应由发包人补偿。

③由于发包人供应的材料、构配件或设备不合格造成的质量缺陷，应由发包人自行承担经济责任。

④由发包人指定的分包人造成的质量缺陷，应由发包人自行承担经济责任。

⑤因使用人未经许可自行改建造成的质量缺陷，应由使用人自行承担经济责任。

⑥因地震、洪水、台风等不可抗力原因造成损坏或非施工原因造成的事故，承包人不承担经济责任。

⑦当使用人需要责任以外的修理维护服务时，承包人应提供相应的服务，并在双方协议中明确服务的内容和质量要求，费用由使用人支付。

【基础练习题】

1. 隐蔽分项工程质量如何验收？

2. 建筑装饰装修分部工程质量如何进行验收？

3. 建设单位如何组织建筑装饰工程的竣工验收？

4. 建筑装饰工程竣工验收以后要做的工作有哪些？

【实训练习题】

结合实际工地实习做一套竣工验收的资料。

参 考 文 献

[1] 王葆华, 田晓. 装饰材料与施工工艺 [M]. 武汉: 华中科技大学出版社, 2009.

[2] 郭东兴, 张嘉琳, 林崇刚. 装饰材料与施工工艺 [M]. 广州: 华南理工大学出版社, 2010.

[3] 李栋, 施永富. 室内装饰施工与管理 [M]. 南京: 东南大学出版社, 2012.

[4] 钱志扬, 蔡绍祥. 室内装饰材料 [M]. 北京: 化学工业出版社, 2010.

[5] 孙晓红. 室内设计与装饰材料应用 [M]. 北京: 机械工业出版社, 2016.

[6] 张长友. 建筑装饰施工与管理 [M]. 北京: 中国建筑工业出版社, 2004.

[7] 衡艳阳, 王立霞, 汪志昊. 项目施工组织与管理 [M]. 镇江: 江苏大学出版社, 2013.

[8] 崔玉艳, 彭诚, 刘丽莉. 建筑装饰材料与施工工艺 [M]. 西安: 西安交通大学出版社, 2014.

[9] 冯美宇. 建筑装饰施工组织与管理 [M]. 武汉: 武汉理工大学出版社, 2014.

[10] 何华, 邓良才, 佟理. 建筑装饰施工技术与验收标准 [M]. 西安: 西安交通大学出版社, 2016.

[11] 平国安, 夏吉宏, 顾星凯. 装饰工程项目管理 [M]. 沈阳: 辽宁美术出版社, 2017.